中国高等教育"十二五"规划教材

CorelDRAW 中文版

X7 艺术设计精粹

王志毅　张晓辉　李菊红　主　编

马　柯　刘闻捷　曹茂鹏　副主编

中国青年出版社
CHINA YOUTH PRESS　　中青雄狮

律师声明

　　北京市中友律师事务所李苗苗律师代表中国青年出版社郑重声明：本书由著作权人授权中国青年出版社独家出版发行。未经版权所有人和中国青年出版社书面许可，任何组织机构、个人不得以任何形式擅自复制、改编或传播本书全部或部分内容。凡有侵权行为，必须承担法律责任。中国青年出版社将配合版权执法机关大力打击盗印、盗版等任何形式的侵权行为。敬请广大读者协助举报，对经查实的侵权案件给予举报人重奖。

侵权举报电话

全国"扫黄打非"工作小组办公室　　　　　中国青年出版社
010-65233456　65212870　　　　　　010-50856028
http://www.shdf.gov.cn　　　　　　　　E-mail: editor@cypmedia.com

图书在版编目（CIP）数据

中文版CorelDRAW X7艺术设计精粹案例教程 / 王志毅，张晓辉，李菊红主编.
— 北京: 中国青年出版社，2015.10
ISBN 978-7-5153-3834-7
I.①中… II.①王… ②张… ③李… III.①图形软件-教材 IV.①TP391.41
中国版本图书馆CIP数据核字（2015）第213545号

中文版CorelDRAW X7艺术设计精粹案例教程

王志毅　张晓辉　李菊红　主　编
马　柯　刘闻捷　曹茂鹏　副主编

出版发行：　中国青年出版社
地　　址：　北京市东四十二条21号
邮政编码：　100708
电　　话：　（010）50856188 / 50856199
传　　真：　（010）50856111
企　　划：　北京中青雄狮数码传媒科技有限公司
策划编辑：　张　鹏
责任编辑：　刘冰冰
封面制作：　吴艳蜂

印　　刷：　北京瑞禾彩色印刷有限公司
开　　本：　787×1092　1/16
印　　张：　15
版　　次：　2015 年 10 月北京第 1 版
印　　次：　2015 年 10 月第 1 次印刷
书　　号：　ISBN 978-7-5153-3834-7
定　　价：　55.00 元（附赠 1 光盘，含语音视频教学 + 素材文件）

本书如有印装质量等问题，请与本社联系
电话:（010）50856188 / 50856199
读者来信: reader@cypmedia.com
投稿邮箱: author@cypmedia.com
如有其他问题请访问我们的网站: http://www.cypmedia.com

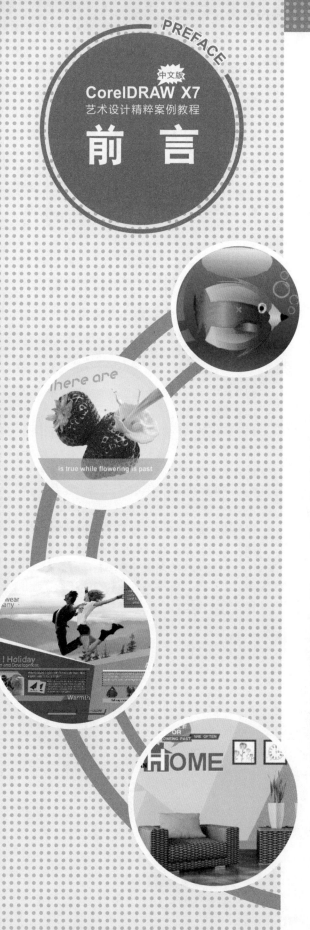

PREFACE

中文版
CorelDRAW X7
艺术设计精粹案例教程

前 言

首先，感谢读者朋友选择并阅读此书。

CorelDRAW是平面设计中常用的一款软件，在市场上有众多大同小异的CorelDRAW相关图书，然而真正实用性强、案例精美、理论扎实、举一反三的书却占极少数。本书以读者需求的角度为出发点，可以更好地帮助读者学习CorelDRAW。

本书以平面软件CorelDRAW X7作为平台，向读者介绍了平面设计中常用的操作方法和设计要领。本书以软件语言为基础，以大量的理论知识为依据，并且每章安排了大量的精彩案例，让读者不仅对软件有全面的理解和认识，更对设计行业的方法和要求有更深层次的感受。并且本书在最后四章通过大型的案例，来讲解平面设计中最常用的几个方面，完整地介绍了大型设计项目的制作流程和操作技巧。

软件简介

CorelDRAW是由加拿大Corel公司开发的一款矢量绘图软件，CorelDRAW软件集矢量绘图、位图编辑、排版分色等多种功能于一身，广泛地应用于书籍装帧、包装设计、网页设计、导向设计等行业，深得平面设计师的喜爱。CorelDRAW X7是Corel公司2014年发布的版本，灵活方便的图样填充、更好的版本兼容性以及更多的免费优质资源，为设计师提供了更加便捷的制图体验。

本书内容概述

章　节	内　　容
Chapter 01	主要讲解了CorelDRAW X7的界面和基本操作
Chapter 02	主要讲解了线形绘图、绘制基本图形、艺术笔、度量工具的使用方法
Chapter 03	主要讲解了切分与擦除、形状编辑、对象的变换、对象的造型、对象的管理等功能的使用
Chapter 04	主要讲解了填充与轮廓的相关工具的应用方法
Chapter 05	主要讲解了文字的创建及编辑方法和技巧
Chapter 06	主要讲解了表格的创建、编辑以及格式设置的应用技巧
Chapter 07	主要讲解了调整、变换、校正、阴影、轮廓图等效果命令的使用
Chapter 08	主要讲解了位图的编辑方法及效果的使用
Chapter 09	主要讲解了CorelDRAW在网页设计中的应用，对网页的基础知识及网页版式进行了介绍
Chapter 10	主要讲解了书籍装帧设计，对书籍的组成、开本、装订进行了介绍
Chapter 11	主要讲解了包装设计，对包装的概念、原则、构成进行了介绍
Chapter 12	主要讲解了导向设计，对导向的概念、原则、组成部分进行了介绍

赠送超值光盘

为了帮助读者更轻松地学习本书，特在随书光盘中附赠了如下学习资料。

- 书中全部实例的素材文件，方便读者高效学习。
- 语音教学视频，手把手教你学，让学习变得更简单。
- 海量设计素材赠送，提高工作效率，真正做到物有所值。

适用读者群体

本书是引导读者轻松掌握CorelDRAW X7的最佳途径，适合的读者群体如下：

- 各高等院校刚刚接触CorelDRAW X7的莘莘学子。
- 各大中专院校相关专业及CorelDRAW培训班学员。
- 平面设计、网页设计、装帧设计、包装设计、导向设计的初学者。
- 从事艺术设计相关工作的设计师。
- 对CorelDRAW平面设计感兴趣的读者。

本书由从事艺术设计类相关专业的教师编写，全书理论结合实践，不仅有丰富的设计理论，而且搭配了大量实用的案例，并配有课后练习。由于编者能力有限，书中不足之处在所难免，敬请广大读者批评指正。

编　者

CONTENTS

中文版
CorelDRAW X7
艺术设计精粹案例教程

目 录

Part 01 基础知识篇

Chapter **01** 初识 CorelDRAW X7

Chapter 06 表格

Chapter 07 矢量图形效果

目录

Part 02 综合案例篇

Chapter **09** 网页设计

Chapter **11** 包装设计

Chapter **10** 书籍装帧设计

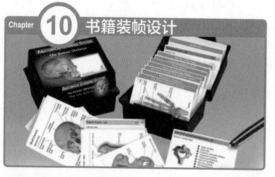

Chapter **12** 导向设计

01 PART

基础知识篇

基础知识篇包含8章，对CorelDRAW X7各知识点的概念及应用进行了详细介绍，熟练掌握这些理论知识后，将为后期的综合应用奠定良好的学习基础。

本章概述

CorelDRAW是一款著名的矢量绘图软件，也是平面设计师常用的软件之一。本章主要讲解CorelDRAW文档操作、页面管理以及辅助工具的使用等知识。通过CorelDRAW入门级知识的学习，为后面绘图操作奠定基础。

核心知识点

❶ 熟悉CorelDRAW的工作界面
❷ 掌握CorelDRAW文档的基本操作方法
❸ 掌握页面的缩放、平移等简单操作

1.1 进入CorelDRAW X7的世界

　　在学习CorelDRAW的操作方法之前，我们需要对CorelDRAW有一个初步的认识，并熟悉CorelDRAW的工作界面。

1.1.1 认识CorelDRAW X7

　　CorelDRAW是加拿大Corel公司开发的一款矢量绘图软件，该软件集矢量绘图、位图编辑、排版分色等多种功能于一身，广泛地应用于广告设计、画册设计、插画绘图、版面设计、网站制作、界面设计、VI设计等行业，深得平面设计师的喜爱。下图为可以使用到CorelDRAW的设计领域。

　　CorelDRAW X7是Corel公司2014年发布的版本，其方便灵活的图样填充功能、更好的版本格式兼容性以及更多的免费优质资源，为设计师提供了更加便捷的制图体验，下图为CorelDRAW X7的初始化界面。

提示 CorelDRAW作为一款著名的矢量绘图软件，虽然绘图功能非常强大，但是在位图编辑方面并不占优势，所以如果需要对设计作品中的位图素材进行编辑可以使用Corel PHOTO-PAINT 或Photoshop进行处理。

1.1.2 熟悉CorelDRAW的工作界面

成功安装CorelDRAW后，可以单击桌面左下角"开始"按钮，打开程序菜单并选择CorelDRAW选项，即可启动 CorelDRAW。

单击界面左上角的"新建"按钮，在弹出的对话框中单击"确定"按钮，即可创建一个新文档，此时工作界面才完整地显示出来。工作界面包含很多部分，例如菜单栏、标准工具栏、属性栏、工具箱、绘图页面、泊坞窗（也称为面板）、调色板以及状态栏等。

菜单栏
标准工具栏
属性栏
调色板
泊坞窗
（面板）
工具箱
状态栏

- **菜单栏**：菜单栏中的各个菜单控制并管理着整个界面的状态和图像处理的功能命令，在菜单栏中单击相应的菜单，即弹出该菜单列表，菜单列表中有的选项包含箭头▶，把光标移至该选项上，可以弹出该选项的子菜单。
- **标准工具栏**：通过使用标准工具栏中的快捷按钮，可以简化用户的操作步骤，提高工作效率。
- **属性栏**：属性栏包含了与用户当前所使用的工具或所选择对象相关的可使用的功能选项，它的内容根据所选择的工具或对象的不同而不同。
- **工具箱**：工具箱中集合了CorelDRAW 的大部分工具。每个按钮都代表一个工具，有些工具按钮的右下角显示黑色的小三角，表示该工具下包含了相关系列的隐藏工具，单击该按钮可以弹出一个子工具条，子工具条中的按钮各自代表一个独立的工具。
- **绘图页面**：绘制页面用于图像的编辑，对象产生的变化会自动地同时反映到绘图窗口中。
- **泊坞窗**：泊坞窗也常被称为"面板"，是在编辑对象时所应用到的一些功能命令选项设置面板。泊坞窗显示的内容并不固定，执行"窗口>泊坞窗"命令，在子菜单中可以选择需要打开的泊坞窗。
- **调色板**：在调色板中可以方便地为对象设置轮廓或填充颜色。单击»按钮时可以显示更多的颜色，单击▲或▼按钮，可以上下滚动调色板以查询更多的颜色。
- **状态栏**：状态栏是位于窗口最下方的区域，显示了用户所选择对象的相关信息，如对象的轮廓线色、填充色、对象所在图层等。

> **提示** 若要退出CorelDRAW，可以像其他应用程序一样单击右上角的"关闭"按钮，或执行"文件>退出"命令。

1.2 文档的操作方法

在进行绘图之前，我们首先需要创建一个承载画面内容的对象，也就是"文档"。CorelDRAW的文档操作包括新建、打开、导入、导出、保存、关闭等等。在CorelDRAW中提供了多种多样的文档操作方法，既可以在标准菜单栏中通过单击快捷按钮进行操作，也可以在"文件"菜单中进行操作。

1.2.1 创建新文档

当我们第一次打开CorelDRAW并进行绘图前，需要先创建一个新的文档。执行"文件>新建"菜单

01
初识CorelDRAW X7
02
03
04
05
06
07
08
09
10
11
12

命令，弹出"创建新文档"对话框，如下左图所示。在这里可以进行"名称"、"大小"、"原色模式"、"渲染分辨率"等参数的设置。设置完成后单击"确定"按钮，即可创建一个空白的新文档，如下右图所示。

- **名称**：用于设置当前文档的文件名称。
- **预设目标**：可以在下拉列表中选择CorelDRAW内置的预设类型，例如Web、CorelDRAW默认、默认CMYK、默认RGB等。
- **大小**：在下拉列表中可以选择常用的页面尺寸，例如A4、A3等。
- **宽度/高度**：设置文档的宽度和高度值，单击"宽度"右侧的下三角按钮，在下拉列表中可以进行单位设置，单击"高度"后面的"横向"或"纵向"按钮，可以设置页面的方向为横向或纵向。
- **页码数**：设置新建文档包含的页数。
- **原色模式**：在下拉列表中可以选择文档的原色模式，默认的颜色模式会影响一些效果中颜色的混合方式，例如填充、混合和透明。
- **渲染分辨率**：设置在文档中将会出现的栅格化部分（位图部分）的分辨率，例如透明、阴影等。
- **预览模式**：在下拉列表中可以选择在CorelDRAW中预览的效果模式。
- **颜色设置**：展开卷展栏后，可以进行"RGB预置文件"、"CMYK预置文件"、"灰度预置文件"、"匹配类型"的设置。
- **描述**：展开卷展栏后，将光标移动到某个选项上时，此处会显示该选项的描述。

除了创建空白的新文档，我们还可以利用CorelDRAW的内置模板，创建带有通用内容格式的文档。执行"文件>从模板新建"命令，在弹出的"从模板新建"对话框中选择合适的模板，单击"打开"按钮，如下左图所示。此时新建的文档将带有模板中的内容，便于用户在此基础上进行快捷的编辑。

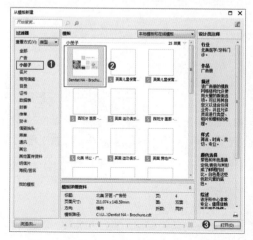 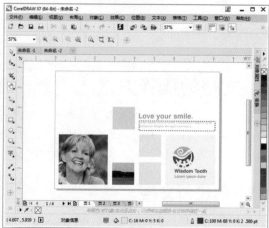

1.2.2　打开文档

　　"打开"命令用于在CorelDRAW中打开已有的文档或者位图素材。执行"文件>打开"命令（快捷键Ctrl+O），在弹出的"打开绘图"对话框中选择要打开的文档，单击"打开"按钮，如下图所示。我们也可以直接单击标准工具栏中的"打开"按钮，打开"打开绘图"对话框。

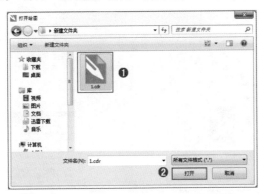

1.2.3　导入文档

　　当我们需要向已有的文档中添加其他文档时，需要使用"导入"功能。执行"文件>导入"命令，（快捷键Ctrl+I），或单击标准工具栏中的"导入"按钮。在弹出的"导入"对话框中选择要导入的文档，单击"导入"按钮。接着在绘图区域内按住鼠标左键并拖动，绘制一个文档置入的区域。松开光标后导入的文档会出现在绘制的区域内。

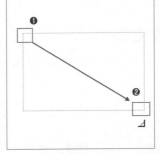

1.2.4　导出文档

　　"导出"命令可将CorelDRAW文档导出，用于预览、打印输出或其他软件能够打开的文档格式。执行"文件>导出"命令（快捷键Ctrl+E），在弹出的"导出"对话框中设置导出文档的位置，并选择一种合适的格式，例如选择JPG格式，储存后可方便地预览制作效果。然后单击"导出"按钮。

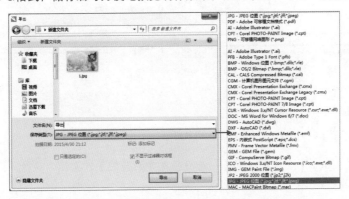

1.2.5 保存文档

"保存"是文档操作的重要步骤，如果不进行保存，进行过的操作就无法被储存在文档中，如果新建的文档从未进行过保存操作，那么就无法在关闭文档之后再次对其进行编辑。

选择要保存的文档，执行"文件>保存"命令（快捷键Ctrl+S），文档的当前状态会自动覆盖编辑前的状态。对从未进行过保存操作的文档，执行"文件>保存"命令后，会弹出"保存绘图"对话框，在这里可以对文档储存的位置、名称、格式进行设置。CorelDRAW提供了多种可用的文件保存格式，CDR是CorelDRAW默认的文档格式。

对于已经保存过的文档执行"文件>另存为"命令（快捷键Ctrl+S），在弹出的"保存绘图"对话框中可以重新设置文档的保存位置及名称等信息。

1.2.6 发布为PDF格式文档

"发布为PDF"命令可以将CorelDRAW文件转换为便于预览和印刷的PDF格式文档。执行"文件>发布为PDF"命令，在弹出的"发布至PDF"对话框中可以对文档保存位置和名称等进行设置，设置完毕后单击"保存"按钮。在"发布至PDF"对话框中，单击"设置"按钮，在打开的"PDF设置"对话框中，可以进行更多参数的设置。

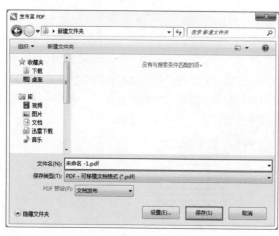 

1.2.7 关闭文档

文档编辑完成后可以执行"文件>关闭"命令，关闭当前的工作文档。执行"文件>全部关闭"命令，可以关闭CorelDRAW中打开的全部文档。

1.2.8 文件输出

使用CorelDRAW制图时会使用很多外部资源，例如位图、字体，使用"收集用于输出"命令可以将链接的位图素材、字体素材等信息提取为独立文件，方便用户将这些资源移动到其他设备上继续使用。

执行"文件>收集用于输出"命令，打开"收集用于输出"对话框。选择"自动收集所有与文档相关的文件"选项，然后单击"下一步"按钮。接着选择是否包含PDF格式文件，并选择CDR文档的文件版本，设置完成后单击"下一步"按钮。然后根据需要选择是否包含颜色预设文档，设置完成后单击"下一步"按钮。

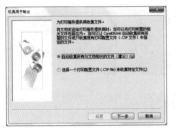  

单击"浏览"按钮可以选择输出的位置，勾选"放入压缩文件夹中"复选框，即可以压缩文档的形式进行保存，更加便于传输，继续单击"下一步"按钮开始资源的收集。完成收集后，单击"完成"按钮。打开设置的输出位置即可看到收集的资源。

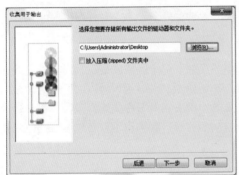 

1.2.9 打印

想要对文档进行打印，执行"文件>打印"命令（快捷键Ctrl+P），弹出"打印"对话框，在该对话框中可以进行打印机、打印范围以及副本数的设置，设置完毕后单击"确定"按钮开始打印。一般情况下，在打印输出前都需要进行打印预览，以便确认打印输出的总体效果。执行"文件>打印预览"命令，在"打印预览"界面中不仅可以预览打印效果，还可以对输出效果进行调整。预览完毕后按下 按钮，关闭打印预览。

 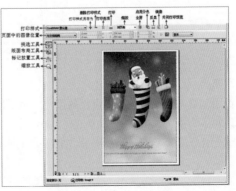

1.2.10 文档的排列方式

在CorelDRAW中打开多个文档时，默认情况下只显示最后打开的文档，如果想要查看其他文档，可以单击文档窗口上方的名称栏，单击某一个名称即可切换到该文档。在"窗口"菜单中提供了多种文档的排列方法，例如执行"窗口>层叠"命令，可以将窗口进行层叠排列；执行"窗口>水平平铺"命令，将窗口进行水平排列，方便对比观察。

1.3 绘图页面与显示设置

在CorelDRAW中进行绘图时，大部分操作都要在绘图页面中进行，本节就来学习一下绘图页面的基本操作。

1.3.1 修改页面属性

在CorelDRAW的绘图区域中可以看到一个类似纸张的区域，这个区域就是CorelDRAW的绘图页面，这个页面范围内的区域是默认可以被打印输出的区域。在创建新文件时可以对页面区域的大小和方向进行设置，当然对于已有的文档也可以进行页面属性的更改。单击工具箱中的选择工具，在未选择任何对象的状态下，属性栏中会显示当前文档页面的尺寸、方向等信息，我们也可以在这里快速地对页面进行简单的设置。

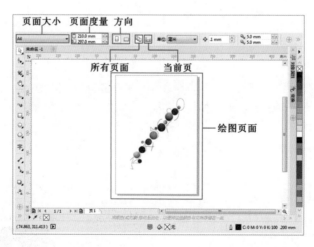

- **页面大小**：单击"页面大小"下拉按钮，在下拉列表中提供了多种标准规格的纸张尺寸可供选择。
- **页面度量**：显示当前所选页面的尺寸，也可以在此处自定义页面大小。
- **方向**：切换页面方向，▯为纵向，▭为横向，单击即可快速切换纸张方向。
- **所有页面**：单击该按钮，将当前设置的页面大小应用与文档中的所有页面（当文档包含多个页面时）。
- **当前页**：单击该按钮，修改页面的属性时只影响当前页面，其他页面的属性不会发生变化。

若要对页面的渲染分辨率、出血等选项进行设置，可以执行"布局>页面设置"命令，打开"选项"对话框，在左侧的列表中单击"文档"前面的加号按钮，在展开的列表中选择"页面尺寸"选项，在右侧的选项面板中对与页面相关的参数进行设置。

- **宽度、高度**：在"宽度"和"高度"数值框中键入值，自定义页面尺寸。
- **只将大小应用到当前页面**：勾选该复选框，当前设置只应用于当前页面。
- **显示页边框**：勾选该复选框，可以显示页边框。
- **添加页框**：单击该按钮添加页面边框。
- **渲染分辨率**：从渲染分辨率列表中选择一种分辨率选项，设置为当前文档的分辨率。该选项仅在测量单位设置为像素时才可用。
- **出血**：勾选"显示出血区域"复选框，并在"出血"数值框中键入一个值，即可设置出血区域的尺寸。

1.3.2 增加文档页面

默认创建的文档只有一个页面，如果想要新增页面，可以执行"布局>插入页面"命令，为当前文档增加新的空白页面。在弹出的"插入页面"对话框中可以设置插入页面的数量、位置以及尺寸等选项。也可以单击界面底部相应的页面控制按钮，创建新的页面。

文档中包含多个页面时，在页面控制栏中单击"前一页"按钮◀或"后一页"按钮▶，进行页面切换。单击"第一页"按钮◀或"最后一页"按钮▶，可以跳转到第一页或最后一页。

提示 想要删除某一个页面时，在页面控制栏中需要删除的页面上单击鼠标右键，选择"删除页面"命令即可。

1.3.3　缩放工具与平移工具

　　工具箱中有一个形似放大镜的工具，这就是"缩放"工具，应用"缩放"工具🔍可以放大或缩小图像显示比例。单击"缩放工具"按钮🔍，可以看到光标变为🔍，在画面中单击即可放大图像的显示比例，单击属性栏中的🔍按钮，即可缩放画面显示比例。

　　使用"平移工具"🖐可以调整画面的显示位置。"平移工具"位于"缩放工具"组中，按住🔍按钮，即可弹出隐藏工具，选择"平移工具"选项（快捷键H），在画面中按住鼠标左键并向其他位置移动，如图所示。释放鼠标即可平移画面，如图所示。

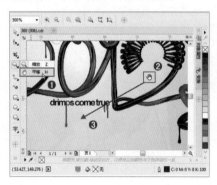
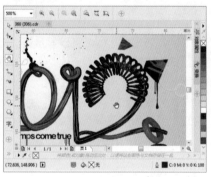

1.3.4　显示页边框/出血/可打印区域

　　页边框的使用可以让用户更加方便的观察页面大小，执行"视图>页>页边框"命令，对页边框的显示与隐藏进行切换。

　　印刷品在设计过程中需要预留出"出血"区域，这部分区域需要包含画面的背景内容，但主体文字或图形不可绘制在这个区域，因为这个区域在印刷后会被才切掉。执行"视图>页>出血"命令，使绘制区显示出血线。

　　执行"视图>页>可打印区域"命令，方便用户在打印区域内绘制图形，避免在打印时产生差错。

1.4　辅助工具

　　CorelDRAW包含多种常用的辅助工具，例如标尺、辅助线、网格等，这些工具用于辅助用户进行更加精准的绘图，但辅助工具都是虚拟对象，在打印或输出时并不会显现出来。

1.4.1　标尺与辅助线

　　标尺位于页面的顶部和左侧边缘，使用标尺能够帮助用户精确地绘制、缩放和对齐对象。除此之外，通过标尺还可以创建辅助线。执行"视图>标尺"命令，可以切换标尺的显示与隐藏状态。默认情况下，标尺的原点位于页面的左上角处，如果想要更改标尺原点的位置，可以直接在页面中标尺原点处按住鼠标左键并移动，即可更改标尺原点位置。如需复原只需要在标尺左上角的交点处双击即可。

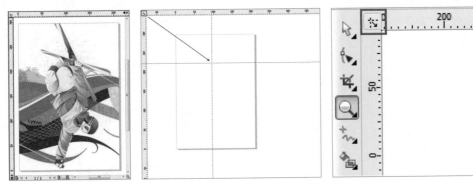

　　辅助线可以辅助用户更精确地绘图。辅助线需要通过标尺进行创建，首先执行"视图>标尺"命令，显示标志。然后将光标定位到标尺上，按住鼠标左键并向画面中拖动，松开鼠标之后就会出现辅助线。从水平标尺拖曳出的辅助线为水平辅助线，从垂直标尺拖曳出的辅助线为垂直辅助线。而且CorelDRAW中的辅助线是可以旋转角度的，选中其中一条辅助线，当辅助线变为红色时再次单击，线的两侧会出现旋转控制点，按住鼠标左键可以将其进行旋转。

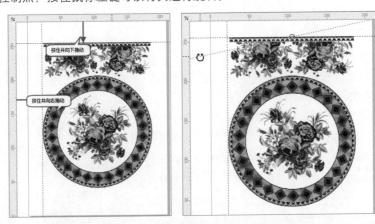

提示 单击选中辅助线，当辅助线变为红色选中状态时，按Delete键即可删除辅助线。
　　执行"视图>辅助线"命令，可以对辅助线的显示与隐藏进行切换。
　　执行"视图>贴齐>辅助线"命令，绘制或者移动对象时会自动捕获到最近的辅助线上。

1.4.2　动态辅助线

　　动态辅助线是一种无需创建的实时辅助线，启用动态辅助线功能可以帮助用户准确地移动、对齐和绘制对象。执行"视图>动态辅助线"命令开启动态辅助线。启用"动态辅助线"后，移动对象时对象周围即会出现动态辅助线，如下左图所示。不使用动态辅助线拖动对象效果如下右图所示。

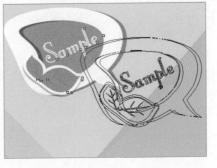

1.4.3 网格

CorelDRAW包含三种网格，执行"视图>网格"命令，在子菜单中包括"文档网格"、"像素网格"、"基线网格"三种网格，如图所示。"文档网格"是一组可在绘图窗口显示的交叉线条；"像素网格"在像素模式下可用，显示导出后的效果；"基线网格"是一种类似于笔记本横格的网格对象。执行相应的命令即可显示对应的网格对象，例如执行"视图>网格>文档网格"命令，即可显示文档网格。

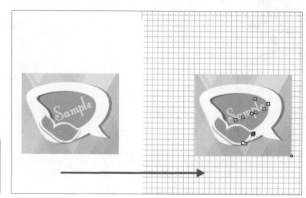

1.4.4 自动贴齐对象

在CorelDRAW中绘图或移动对象时，使用"贴齐"命令可以将对象与画面中的像素、文档网格、基线网格、辅助线、对象、页面"贴齐。在标准工具栏中单击"贴齐"按钮，在展开的复选框列表中可以看到"像素"、"文档网格"、"基线网格"、"辅助线"、"对象"、"页面"复选框。当某选项前出现☑符号时，表示该复选框被启用，单击即可切换该复选框的启用与关闭，例如勾选了"对象"复选框，当移动指针接近贴齐点时，贴齐点将突出显示，表示该贴齐点是指针要贴齐的目标。

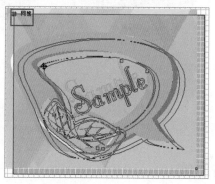

1.5 撤销与重做

使用CorelDRAW绘图过程中，遇到操作错误时，可以非常方便地进行撤销和重做操作。执行"编辑>撤销"命令（快捷键Ctrl+Z），可以撤销错误操作，还原到上一步操作状态。如果错误的撤销了某一个操作后，可以执行"编辑>重做"命令（快捷键Ctrl+Shift+Z），撤销的步骤将会被恢复。

在属性工具栏中可以看到"撤销" ↶ 和"重做" ↷ 按钮，单击相应的按钮也可以快捷地进行撤销或重做操作。单击"撤销"下拉列表按钮，即可在打开的下拉列表中选择需要撤销到的步骤。

知识延伸：矢量图形与路径

我们知道CorelDRAW是一款非常典型的矢量绘图软件，那么什么是矢量图呢？矢量图是根据几何特性来绘制的图形，可以是一个点或一条线，矢量图只能靠软件生成，可以自由无限制地重新组合。例如常见的Illustrator也是一款矢量绘图软件。矢量图的最大特点是放大后图像不会失真，即和分辨率无关，通常适用于图形设计、文字设计和一些标志设计、平面设计等。右图为我们将一个矢量图放大很多倍后的效果，可以看到依然非常清晰。

构成矢量图的主要元素就是路径。路径最基础的概念是两点连成一线，三个点可以定义一个面。在进行矢量绘图时，通过绘制路径并在路径中添加颜色可以组成各种复杂图形。路径由一个或多个直线线段和曲线线段组成，而每个线段的起点和终点被称为"节点"。通过编辑节点、方向点或路径线段本身，可改变路径的形态，如右图所示。

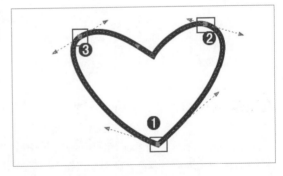

路径上的点被称之为节点，在CorelDRAW中有三类节点：尖突节点、平滑节点和对称节点，如右图所示。

 上机实训：完成文件操作的整个流程

通过本章的学习，相信大家已经了解了在CorelDRWA中制作文件的基本操作，本案例将通过一个非常简单的案例制作，梳理文档操作的基本思路。

步骤01 首先打开一个CDR格式文档。执行"文件>打开"命令，在"打开绘图"对话框中选择所有文件格式，然后选择素材"1.cdr"文件，单击对话框中的"打开"按钮，打开文件。

步骤 02 执行"文件>导入"命令，在打开的"导入"对话框中，找到2.cdr文件所在位置，单击选择该文件，单击"导入"按钮，然后调整素材文件的大小及位置。

步骤 03 执行"文件>导入"命令，在打开的对话框中，单击选择素材"3.png"文件，单击"导入"按钮，将其放置在画面中央的位置。

步骤 04 执行"文件>另存为"命令，在"保存绘图"对话框中键入文件名，单击"保存类型"下拉按钮，在下拉列表中选择CDR-CorelDRAW格式选项，单击"保存"按钮。

步骤 05 执行"文件>导出"命令，在打开的"导出"对话框中选择需要保存的位置，设置合适的文件名，在"保存类型"下拉列表中选择JPG-JPEG位图格式选项，单击"导出"按钮。

步骤 06 单击"保存"按钮，可以在存储的文件夹中找到相应的文件。

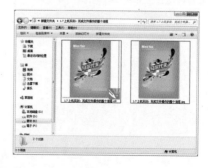

课后练习

1. 选择题

(1) 打开CorelDRAW后,想要创建新的文件,需要执行"文件"菜单下的_____命令。

  A. 打开
  B. 新建
  C. 导入
  D. 导出

(2) 保存文档的快捷键是_____。

  A. Ctrl+A
  B. Ctrl+N
  C. Ctrl+S
  D. Ctrl+L

(3) 使用_____命令可以将链接的位图素材、字体素材等信息提取为独立文件,方便用户将这些资源移动到其他设备上继续使用。

  A. 导出
  B. 打印
  C. 发布为PDF
  D. 收集用于输出

2. 填空题

(1) 想要对文档进行打印,需要执行_____命令。

(2) _____工具可以放大或缩小图像显示比例。

(3) 执行_____命令,可以切换标尺的显示与隐藏状态。

3. 上机题

(1) 创建一个文件,导入需要使用的素材。

(2) 执行"文件>保存"命令,在"保存"窗口中找到合适的存储位置。

(3) 设置合适的文件名称。

(4) 设置文件的格式,然后进行存储。

本章概述

本章介绍了CoreIDRAW中绘图工具的使用方法，CoreIDRAW中包含多种多样的绘图工具，既有可以绘制简单几何图形的工具，也有可以绘制精确复杂图形的工具，还有可以绘制出奇特效果的工具。通过本章的学习，希望读者能够熟练地应用绘图工具绘制出各种各样的图形。

核心知识点

❶ 熟练掌握对象的选择、移动、删除等基本操作
❷ 掌握线型绘图工具的使用方法
❸ 掌握绘制常见基本图形的方法

2.1 绘图工具的使用与对象的简单操作

CoreIDRAW提供了多种绘图工具，可以方便地绘制线条、几何图形以及复杂精确的矢量对象。这些绘图工具的使用方法比较简单，下面介绍其中一种绘图工具的使用，其他工具大同小异。绘制图形之后，通常还需要对已有对象进行移动、删除等操作，在进行操作之前首先需要选中需要操作的对象，关于对象的基本操作也是本节讲解的重点。

2.1.1 绘图工具的使用

绘图工具位于工具箱中，工具组图标的右下角显示黑色小三角■，在按钮上按住鼠标左键，即会显示出该工具组中的其他工具，单击即可使用某个工具。这些工具的使用方法并不复杂，我们可以通过单击某一个工具，然后在属性栏中进行相应的参数设置，接着画布中应用单击并拖动光标的方式进行绘图操作。在使用线性工具时，若想终止绘制，可以按下键盘上的Enetr键。

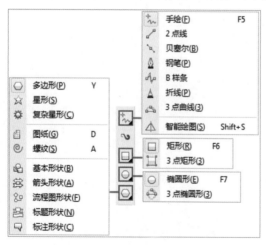
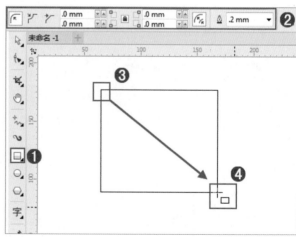

2.1.2 选择对象

在CoreIDRAW中对图形进行处理前，需要使该对象处于选中状态。这就需要使用工具箱中的"选择工具"与"手绘选择工具"。想要选择单个对象，单击工具箱中的"选择工具"按钮，然后在对象上单击，如图所示。此时对象周围会出现八个黑色正方形控制点，说明对象被选中。如果想要加选画面中的其他对象，可以按住 Shift 键的同时单击要选择的对象。

提示 对象四周的控制点可以用于调整对象的缩放比例，具体操作将在后面的章节进行讲解。

如果想要同时选中多个对象，可以使用选择工具在需要选取的对象周围按住鼠标左键并拖动光标，绘制出一个选框的区域，选框范围内的所有对象将被选中。

手绘选择工具位于选择工具组中，单击按住选择工具，即可看到弹出的隐藏工具，单击选择手绘选择工具，然后在画面中按住鼠标左键并拖动，即可随意的绘制需要选择对象的范围。范围以内的部分即被选中。如图所示。

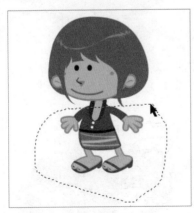

想要选择全部对象，可以执行"编辑>全选"命令，在子菜单中可以看到四种可供选择的类型，执行其中某项命令即可选中文档中全部该类型的对象。也可以使用快捷键Ctrl+A，选择文档中所有未锁定以及未隐藏的对象。

提示 如果想要选中群组中某一个对象，可以按住 Ctrl 键并使用选择工具单击群组中所需选择的对象。

2.1.3 移动/缩放/旋转/倾斜/镜像

在使用选择工具将对象选中之后，将光标移动到对象中心点⊠上，按住鼠标左键并拖动，松开光标后即可移动对象。

  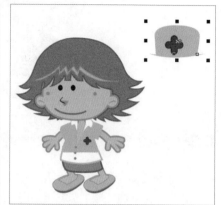

> **提示** 选中对象，按下键盘上的上下左右方向键，可以使对象按预设的微调距离移动。

将光标定位到四角控制点处，按住鼠标左键并进行拖动，可以进行等比例缩放；如果按住四边中间位置的控制点并进行拖动，可以调整其宽度或长度。

再次单击使控制点变为弧形双箭头形状，按住某一弧形双向箭头并进行移动，即可旋转对象。在旋转状态下四边的向双向箭头为倾斜控制点，按住左键并进行拖动，对象将产生一定的倾斜效果。

镜像功能可以对所选对象进行水平或垂直的对称性操作。选定对象，在属性栏中单击"水平镜像"按钮 ，可以将对象进行水平镜像；单击"垂直镜像"按钮 ，可以将对象进行垂直镜像。

原始对象　　　　　　　　水平镜像　　　　　　　　垂直镜像

如果想要对对象的位置、大小、缩放比例、旋转进行精确参数的设置，可以选中对象，然后在属性栏中进行调整即可。

2.1.4　删除对象

选中要删除的对象，执行"编辑>删除"命令，进行删除操作；或按下键盘上的Delete键，即可将所选对象删除。

2.1.5　复制、剪切与粘贴

选中对象，执行"编辑>复制"命令（快捷键Ctrl+C），虽然画面没有产生任何变化，但是所选对象已经被复制到剪贴板中，以备调用。然后执行"编辑>粘贴"命令（快捷键Ctrl+V），即可在原位置粘贴出一个相同的对象，将复制的对象移动到其他位置，效果如下图所示。

剪切命令的使用方法也很简单，选择一个对象，执行"编辑>剪切"命令（快捷键Ctrl+X），将所选对象剪切到剪切板中，被剪切的对象从画面中消失。

除了使用复制、粘贴命令外，还可以对所选对象应用移动复制的方法进行复制。首先使用选择工具按住鼠标左键并移动，移动到合适位置单击鼠标右键，即可在当前位置复制出一个对象。

按住鼠标左键
向右移动

单击右键
完成复制

2.2 线形绘图工具

工具箱中有一组专用于绘制直线、折线、曲线，或由折线、曲线构成的矢量形状的工具，我们称之为"线形绘图工具"，按住工具箱中的手绘工具按钮，在弹出的工具组列表中可以看到多种工具。线条绘制完成后，若想对其形态进行调整，则可以使用工具箱中的形状工具。

2.2.1 手绘工具

单击手绘工具按钮，在绘图页面按住鼠标左键并任意拖动，即可绘制出与鼠标移动路径相同的线条，绘制完成后释放鼠标即可。还可以利用手绘工具绘制直线或折线，单击手绘工具按钮，在绘图页面起点处单击，光标变为形状，再单击终点的位置，即可绘制直线。如果在第二个点处双击，然后拖动光标即可绘制出折线。

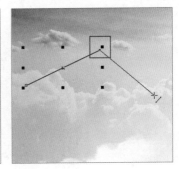

2.2.2 2点线工具

2点线工具有三种绘制模式，单击2点线按钮，在属性栏可以看到这三种模式。

首先单击按钮，确定绘制模式为2点线工具。在路径的起点处按住鼠标左键，拖动光标确定线段的角度以及长度，然后松开光标，起点和终点之间会形成一个线段。

接着在属性栏中单击垂直2点线按钮，将光标移动到已有直线上，单击对象的边缘，然后将光标向外拖动，可以得到与原有线段垂直的一条直线。

在属性栏上单击相切的2点线按钮，可以绘制与对象相切的线段，首先在对象边缘处按住鼠标左键，然后拖动到要结束切线的位置。

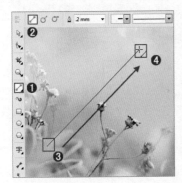
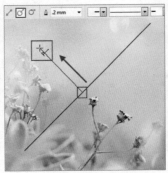
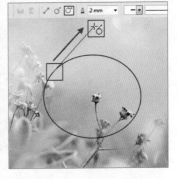

2.2.3 贝塞尔工具

贝塞尔工具 是一种可以绘制包含折线、曲线的各种各样复杂矢量形状的工具。

单击贝塞尔工具按钮，在画面中单击左键作为路径的起点，然后将光标移动到其他位置再次单击，此时绘制出的是直线段。再将光标移动到其他位置进行单击可以得到折线。

若想要绘制曲线，首先在起点处单击，然后将鼠标移动到第二个点的位置，按住鼠标左键并拖动调整曲线的弧度，松开鼠标后即可得到一段曲线，按下键盘上的Enter键可以结束路径的绘制。

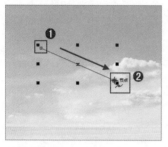 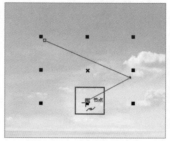 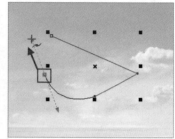

2.2.4 钢笔工具

钢笔工具 是一款功能强大的绘图工具。使用钢笔工具配合"形状工具"可以制作出复杂而精准的矢量图形。钢笔工具的绘图操作方法与贝塞尔工具非常相似，在画面中单击可以创建尖角的点以及直线，而按住鼠标左键并拖动即可得到圆角的点以及弧线。

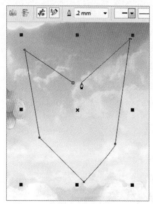 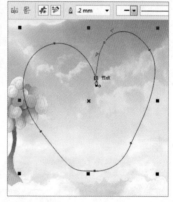

启用属性栏上的"预览模式" 按钮，在绘图页面中单击创建一个节点，移动鼠标后可以预览到即将形成的路径。启用"自动添加或删除节点" 按钮，将光标移动到路径上，光标会自动切换为添加节点或删除节点的形式。如果取消该选项，将光标移动到路径上则可以创建新路径。

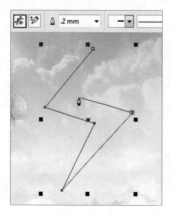 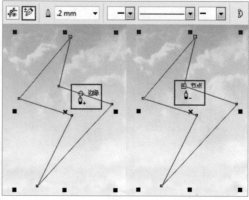

2.2.5　B样条工具

当我们绘制弧线时，使用贝塞尔工具或钢笔工具都是直接绘制曲线上的圆角点，而使用B样条工具则是通过创建"控制点"的方式绘制曲线路径，控制点和控制点间形成的夹角度数会影响曲线的弧度。单击B样条工具按钮，将鼠标移至绘图区中，单击鼠标左键创建控制点，多次移动鼠标创建控制点。每三个控制点之间会呈现出弧线。双击鼠标左键结束绘制。想要调整弧线的形态时，则需单击工具箱中的形状工具按钮，在需调整控制点的位置移动即可。

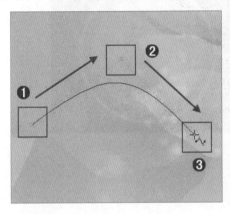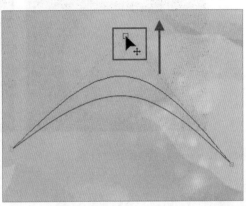

2.2.6　折线工具

单击工具箱中的折线工具按钮，在画面中单击确定起点，将鼠标移动到其他位置处，单击得到第二个点，再次单击确定第三个点的位置，即可得到一条折线。重复多次单击可以得到复杂的折线。

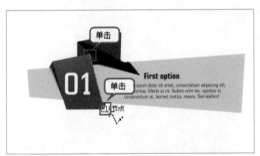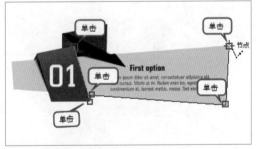

2.2.7　3点曲线工具

3点曲线工具是通过单击三次的鼠标左键来创建弧线的一种工具。前两次单击用于确定线条起点终点之间的距离，第三个点用于控制曲线的弧度，完成后单击鼠标左键或按下空格键即可创建曲线路径。

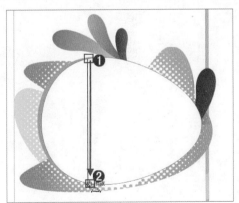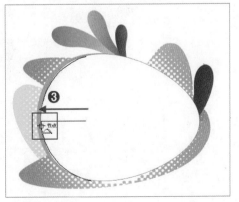

2.2.8　智能绘图工具

智能绘图工具 🖊 能够修整用户手动绘制出的不规则、不准确的图形。智能绘图工具使用方法非常简单，单击智能绘图工具按钮 🖊 ，在属性栏中可以设置形状识别的等级以及智能平滑的等级。设置完毕后在画面中进行绘制，绘制完毕后释放鼠标，电脑会自动将其转换为基本形状或平滑曲线。

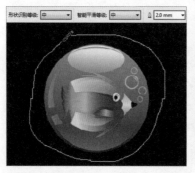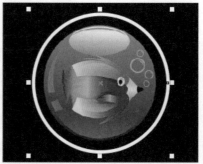

> **提示** 在绘制时按住Shift键，并按住左键进行反方向的拖曳，可擦除已绘制的线条。

2.2.9　使用形状工具编辑对象

我们已经学习了使用多种线形绘图工具绘制线条，如果想要对所绘制线条形状进行调整，就可以使用形状工具 🖊 进行编辑。形状工具是通过调整节点位置、尖突或平滑、断开或连接以及是否对称来改变曲线的形状。在使用贝塞尔等线形绘图工具绘制线条后，单击工具箱中的形状工具按钮，单击选中路径上的节点，按住鼠标左键即可对点进行移动。

可以看到属性栏中包含很多个按钮，应用这些按钮可以对节点进行添加、删除、转换等操作。

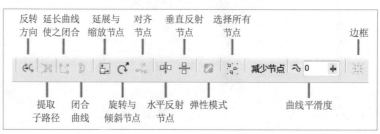

- ⊞**连接两个节点**：选中两个未封闭的节点，单击属性栏中的"连接两个节点"按钮，两个节点自动向两点中间的位置移动并进行闭合。
- ⊞**断开曲线**：选择路径上的一个闭合的点，单击属性栏中的"断开曲线"按钮使路径断开，该节点变为两个重合的节点。
- ⟋**转换为线条**：将曲线转换为直线。
- ⟋**转换为曲线**：将直线转换为曲线。
- ⟋⟋⟋**节点类型**：选中路径上的节点，单击此处相应的按钮，即可切换节点类型。⟋为尖突节点，⟋为平滑节点，⟋为对称节点。
- ⟲**反转方向**：反转开始节点和结束节点的位置。
- ⊠**提取子路径**：从对象中提取所选的子路径来创建两个独立对象。
- ⟋**延长曲线使之闭合**：当绘制了未闭合的曲线图形时，可以选中曲线上未闭合的两个节点，单击属性栏中的"延长曲线使之闭合"按钮，即可使曲线闭合。
- ⟋**闭合曲线**：选择未闭合的曲线，单击属性栏中的"闭合曲线"按钮，即可在未闭合曲线上的起点和终点之间生成一段路径，使曲线闭合。
- ⟋**延展与缩放节点**：对选中的节点和之间的路径进行比例缩放。
- ⟲**旋转与倾斜节点**：通过旋转倾斜节点调整曲线线段的形态。
- ⟋**对齐节点**：选择多个节点时，单击该按钮，在弹出的窗口中设置节点水平或垂直对齐方式。
- ⊞ ⊞**水平/垂直反射节点**：编辑对象中水平/垂直镜像的相应节点。
- ⟋**选择所有节点**：单击该按钮，快速选中该路径的所有节点。
- 减少节点**减少节点**：自动删除选定内容中的节点来提高曲线的平滑度。
- ⟋0 ⊞**曲线平滑度**：通过更改节点数量调整曲线的平滑程度。

案例项目：使用钢笔工具制作网页广告设计

案例文件

使用钢笔工具制作网页广告设计.cdr

视频教学

使用钢笔工具制作网页广告设计.flv

步骤 01 执行"文件>新建"命令，在弹出的"创建新文档"对话框中设置"大小"为A4，然后单击"横向"按钮，设置"原色模式"为RGB，"渲染分辨率"为300，单击"确定"按钮，新建空白文档。

步骤 02 创建文档后我们将制作渐变色背景。单击工具栏中的矩形工具按钮□，在工作区中绘制一个与画布等大的矩形，选中该矩形，在"调色板"中用鼠标右键单击☒按钮，去掉轮廓。然后单击工具箱中的交互式填充工具按钮❀，接着单击属性栏中的"渐变填充"按钮，设置渐变类型为"椭圆形渐变填充"，然后将中心节点设置为黄色，外部节点设置为红色，效果如下图所示。

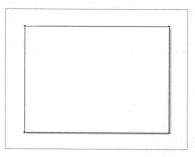
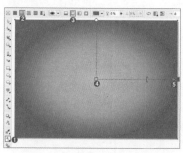

步骤 03 接下来制作文字部分。单击工具栏中的文本工具按钮🖹，然后在属性栏中设置合适的字体、大小，接着在图中单击并输入相应的文字，继续在工作区键入文字并将其更改为不同的颜色。使用选择工具按住Shift键将文字全选，在属性栏中设置"旋转角度"为3度，即可查看设置的文字效果。

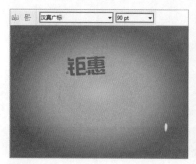

步骤 04 接下来使用钢笔工具绘制文字的底色，单击工具箱中的钢笔工具按钮🖊，在页面中单击创建一个节点，将光标向左移继续单击会形成一个线段。然后沿着文字外部绘制出一个闭合的图形，接着多次使用快捷键Ctrl＋Page Down直到轮廓置于文字下方。

步骤 05 选中刚刚绘制完的闭合图形，然后在"调色板"中选择颜色，更改图形的颜色为棕色。在"调色板"中单击鼠标右键☒按钮，去掉轮廓线。然后用同样方法绘制出几个不规则形状。

步骤 06 下面制作文字气泡的背景效果。单击钢笔工具按钮，在页面上单击出现一个节点，然后将光标移动到下一个位置，再单击下一节点时按住鼠标拖曳进行弧度调节，调节完成后松开鼠标，继续进行绘制，最终绘制出一个闭合路径。

 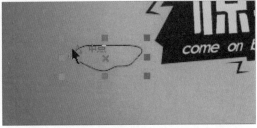

步骤 07 文字气泡的外形基本绘制完成后，接下来进行细节的调整。单击工具栏中的"形状工具"按钮，单击鼠标左键选择任意一个节点会出现两个箭头一样的控制柄，然后单击属性栏中的"平滑节点"按钮，若只想移动其中的一个控制柄，单击属性栏中的"尖突节点"按钮，进行相应的调节。

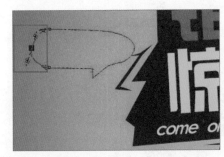 

步骤 08 文字气泡的外形调整完成后，选择这段闭合路径，然后在"调色板"中将填充颜色设为红色，轮廓设置为无轮廓，查看效果。接着使用文字工具在对话框中键入文字，使用同样的方法制作另一处文字气泡的背景效果。

步骤 09 执行"文件>导入"命令，在弹出的"导入"窗口中选择素材1.CDR。继续导入素材2.png，然后调整其大小和位置，完成制作后，导出并保存文件。

2.3 绘制基本图形

本节介绍位于工具箱中的三个用于绘制基本图形的工具，这些工具都是用于绘制某种特定的形状。例如矩形工具用于绘制长方形、正方形以及圆角矩形，而"箭头形状"工具则用于绘制各种各样的箭头。这些工具的使用方法非常相似，选中某个工具，在属性栏中设置相应的参数，接着在工作区中按住鼠标左键并拖动，即可创建相应的图形。绘制完成后，选中绘制的图形还可在属性栏中进行参数的更改。下面我们来了解一下各种工具的使用方法。

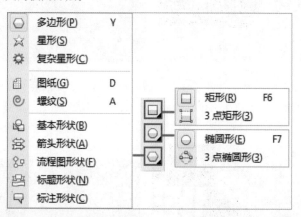

> **提示** 绘制这些基本图形时，有一些通用的快捷操作，例如：
> 1. 在使用某种形状绘制工具时按住Ctrl键并绘制，可以得到一个"正"的图形，例如正方形。
> 2. 按住Shift键进行绘制，能够以起点作为对象的中心点绘制图形。
> 3. 按Shift+Ctrl进行绘制，可以绘制出从中心扩散的"正"图形。
> 4. 图形绘制完成后，选中该图形，在属性栏中仍然可以更改图形的属性。

2.3.1 矩形工具组

矩形工具组中包含两种工具：矩形 ▫ 和3点矩形 ▫，可以绘制长方形、正方形、圆角矩形、扇形角矩形以及倒棱角矩形。单击矩形工具按钮 ▫，在画面中按鼠标左键并向右下角进行拖曳，释放鼠标即可得到一个矩形，按住Ctrl键并绘制可以得到一个正方形。

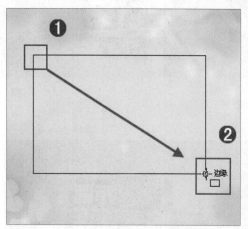 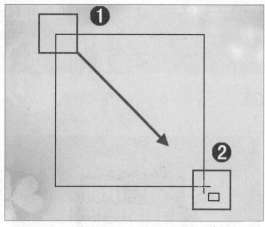

默认情况下绘制的矩形的角都是常规的直角，在属性栏中通过单击 ⌐ ⌐ ⌐ 设置角类型。设置一定的"转角半径"可以改变角的大小。例如单击属性栏中的"圆角工具"按钮 ⌐，设置角半径数值为5mm，即可绘制出相应角度的矩形。单击属性栏中的"扇形角工具"按钮 ⌐ 或"倒棱角工具"按钮 ⌐，即可得到相应的扇形矩形和倒棱角矩形。

中文版CorelDRAW X7艺术设计精粹案例教程

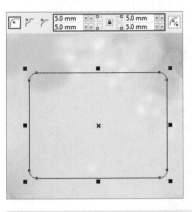 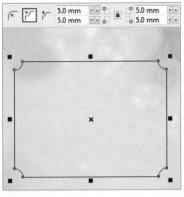 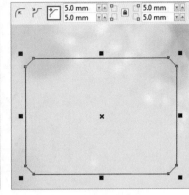

> **提示** 当属性栏中的"同时编辑所有角"按钮 处于启用状态时，四个角的参数不能够分开调整。而单击该按钮使之处于未启用状态，再选中矩形，单击某个角的节点，然后在该节点上按住鼠标左键并拖动，此时可以看到只有所选角发生了变化。

　　单击3点矩形工具按钮 ，在绘制区单击定位第一个点，拖动鼠标并单击定位第二个点，两点间的线段为矩形的一个边，接着向另外方向拖动鼠标，设置矩形另一个边的长度。

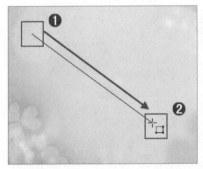 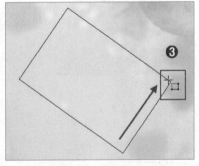

> **提示** 在CorelDRAW中矢量对象也分为两类：使用钢笔、贝塞尔等线形绘图工具绘制的"曲线对象"和使用矩形、椭圆、星形等工具绘制的"形状"对象。"曲线对象"可以直接对节点进行编辑调整，而"形状对象"则不能够直接对节点进行移动等操作，如果想要对"形状对象"的节点进行调整，则需要转换为曲线对象后进行操作。选中"形状对象"单击属性栏中的"转换为曲线" 按钮，即可将几何图形转换为曲线。转换为曲线的形状就不能够再进行原始形状的特定属性调整。

2.3.2　椭圆形工具组

　　椭圆工具组包括两种工具："椭圆形" 和"3点椭圆形" ，使用这两种工具可以绘制椭圆形、正圆形、饼形和弧形。单击椭圆形工具按钮 ，按住鼠标左键并向右下角进行拖曳，随着鼠标的移动能够看到椭圆形大小的变化，释放鼠标即可完成绘制。如果想要绘制正圆，可以按住Ctrl键进行绘制。

在椭圆形工具属性栏中， 按钮可以设置绘制的类型，单击 按钮绘制圆形，单击 按钮绘制饼形图，单击 按钮绘制弧线。在"起始和结束角度" 数值框中键入相应数值，即可更改饼图/弧线开口的大小。单击"更改方向"按钮，可切换饼图/弧线的顺时针和逆时针方向。

单击3点椭圆形工具按钮，在绘制区按住鼠标左键绘制一条直线，释放鼠标后此线条作为椭圆的一个直径，然后向另一个方向拖曳鼠标，确定椭圆形的另一个轴向直径大小。

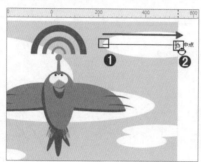

2.3.3　多边形工具

使用多边形工具，可以绘制三个或三个以上不同边数的多边形。单击多边形工具按钮，在属性栏中的"点数或边数" 数值框中输入所需的边数，然后在绘制区中按住鼠标左键并拖曳，即可绘制出多边形。

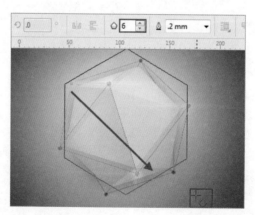

2.3.4　星形工具

星形工具 可以绘制不同边数、不同锐度的星形。单击星形工具按钮，在属性栏 数值框中设置星形的"点数或边数"，数值越大星形的角越多；在 数值框中设置星形上每个角的"锐度"，数值越大每个角也就越尖。然后在绘制区按住鼠标左键并拖曳，确定星形的大小后释放鼠标。

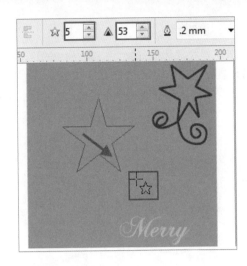

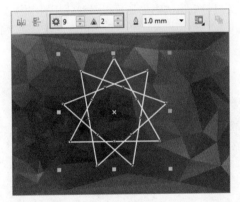

2.3.5 复杂星形工具

复杂星形工具 ✿ 与星形工具的用法与参数相同，单击复杂星形工具按钮 ✿，在属性栏中设置"点数或边数工具"和"锐度工具"数值。然后在绘制区按住鼠标左键并拖曳，释放鼠标后即可得到复杂星形形状。

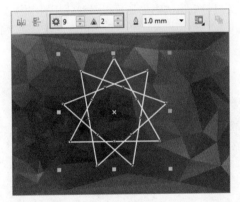

2.3.6 图纸工具

使用图纸工具可以绘制出不同行/列数的网格对象。单击图纸工具按钮 ▦，在属性栏中的"行数和列数"数值框中输入数值，设置图纸的行数和列数。设置完毕后在绘制区中按住鼠标左键并进行拖曳，松开鼠标后得到图纸对象。图纸对象是一个群组对象，在图纸对象上单击鼠标右键，执行"取消群组"命令，即可将图纸对象中的每个矩形独立出来。

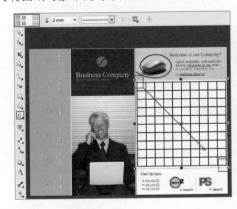 

2.3.7　螺纹工具

螺纹工具可绘制螺旋线，单击螺纹工具按钮，在属性栏中的"螺纹回圈"数值框中，设置螺纹回圈的数量，数量越大圈数越多。单击"对称式螺纹"按钮，创建出的螺纹对象每圈间距相同；单击"对数螺纹"按钮，创建出螺纹对象圈数间距更加紧凑，在"螺纹扩展参数"数值框中，可以更改新的螺纹向外扩展的速率。

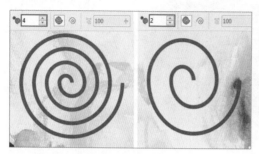 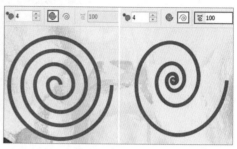

2.3.8　基本形状工具

基本形状工具包含多种内置的图形效果，单击基本形状工具按钮，在属性栏中单击"完美形状"按钮，在列表中单击选择一个合适的图形，然后在绘制区内按住左键并进行拖曳，释放鼠标后可以看到绘制的图形。"基本形状"工具绘制出的图形上可以看到红色的控制点，这个控制点是用来控制基本形状图形的属性的，不同形状其属性也各不相同。使用当前图形绘制工具按住并移动控制点，即可调整图形样式。

 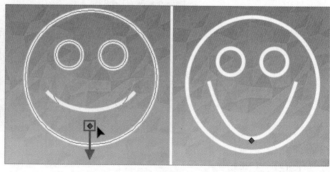

2.3.9　箭头形状工具

箭头形状工具可以利用预设的箭头类型绘制各种不同的箭头。单击箭头形状工具按钮，单击属性栏中的"完美形状"按钮，在列表中选择适当的箭头形状，在绘制区内按住鼠标左键并进行拖曳，释放鼠标得到箭头形状。按住鼠标左键拖曳形状上的红色/黄色/蓝色控制点，可以调整箭头的效果。

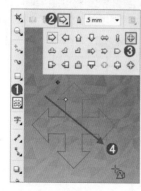 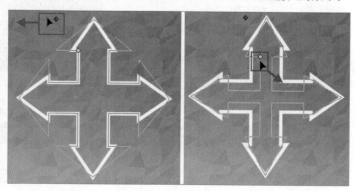

2.3.10　流程图形状工具

单击流程图形状工具按钮，在属性栏中的"完美形状"列表中选择适当图形，在绘制区内按住鼠标左键并拖曳，释放鼠标得到形状。

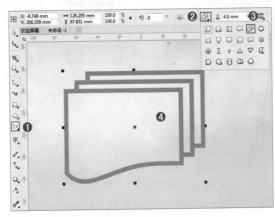

2.3.11　标题形状工具

单击标题形状工具按钮，在属性栏中的"完美形状"列表中选择适当图形，在绘制区内按住鼠标左键并拖曳，释放鼠标得到形状。

2.3.12　标注形状工具

使用标注形状工具可以绘制多种气泡效果的文本框。单击标注形状工具按钮，在属性栏中的"完美形状"列表中选择适当图形，在绘制区内按住鼠标左键并拖曳，释放鼠标得到形状。按住鼠标左键拖曳形状上的红色控制点，可以调整尖角的位置。

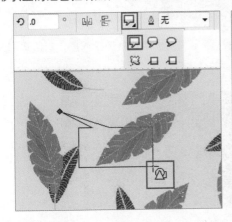

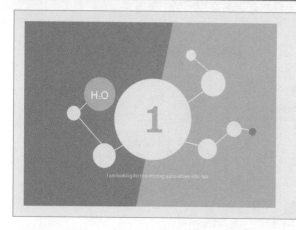

案例项目：使用圆形工具制作信息图

案例文件

使用圆形工具制作信息图.cdr

视频教学

使用圆形工具制作信息图.flv

步骤 01 执行"文件>新建"命令，在弹出的"创建新文档"对话框中设置"大小"为A4，然后单击"横向"按钮，设置"原色模式"为RGB，"渲染分辨率"为300，单击"确定"按钮，创建新文档。单击工具栏中的矩形工具按钮◻，在工作区中绘制一个与画布等大的矩形，选中该矩形，然后在调色板中的⊠按钮处单击鼠标右键，去掉轮廓线。

步骤 02 在调色板中，单击选择酒绿色为背景添加颜色。

步骤 03 用钢笔工具绘制出一个四边形，选中该四边形，然后在调色板中单击选择绿色，为四边形设置填充颜色。右键单击⊠按钮，去掉轮廓线。

步骤 04 下面制作画面中的正圆部分。在工具箱中选择椭圆形工具，按住Ctrl键单击并拖曳绘制出一个正圆，选中该圆，在调色板中的白色色块处单击设置正圆填充色为白色，然后在调色板中的⊠按钮处单击鼠标右键去除轮廓线。

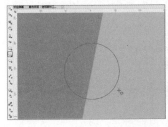

步骤 05 按照此方法绘制几个大小不等的圆摆放在不同位置，效果如下图所示。

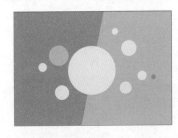

步骤 06 下面制作画面中的文字部分，选择工具箱中的文本工具<u>字</u>，设置合适的字体、字号及颜色，然后在画面中键入文字。使用同样的方法制作出其他文字。

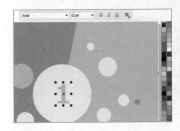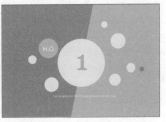

步骤 07 接着绘制两个圆形之间的连接线。在工具箱中单击2点线工具<u>⚏</u>按钮，然后在两个正圆之间按住Ctrl键拖曳绘制直线，选择该直线，在属性栏中单击"轮廓宽度"下拉按钮，设置宽度大小为1.0mm，在调色板中的白色色块处单击鼠标右键为两点线填充白色。

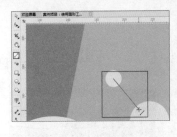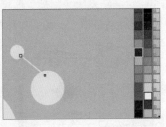

步骤 08 使用同样的方法绘制出其他两点线，效果如下图所示。

2.4　艺术笔工具

艺术笔工具是一种可以绘制出多种多样笔触效果的工具，而且这些笔触不仅可以模拟现实中的毛笔、钢笔的笔触，还可以是各种各样的图形。艺术笔工具有五种模式，单击工具箱中的艺术笔工具按钮，在属性栏中可以看到这五种模式："预设"、"笔刷"、"喷涂"、"书法"和"压力"。

2.4.1　"预设"艺术笔

"预设"模式提供了多种线条类型可供选择，通过选择线条的样式轻松地绘制出和毛笔笔触一样的线条效果。单击工具箱中的艺术笔工具按钮，在属性栏中单击"预设"按钮，然后单击"预设笔触"下拉按钮，在下拉列表中选择所需笔触的线条模式，在画面中进行绘制，如下左图所示。如果想要对绘制完成的线条形状进行调整，可以使用形状工具单击线条，并对路径上的节点进行调整即可，如下右图所示。

 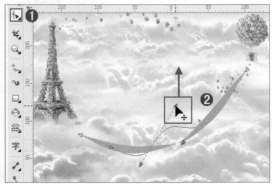

- ≈ 100 + **手绘平滑**：改变绘制线条的平滑程度。
- 10.0 mm **笔触宽度**：调整数值可以改变笔触的宽度。

2.4.2　"笔刷"艺术笔

"笔刷"模式的艺术笔触主要用于模拟笔刷绘制的效果。单击艺术笔工具按钮，在属性栏中单击"笔刷"按钮，然后单击"类别"下拉按钮，在下拉列表中有"艺术"、"书法"、"对象"、"滚动"、"感觉的"、"飞溅"、"符号"、"底纹"八种类别。选择其中一种，然后在"笔刷笔触"列表中选择一种笔刷。设置完毕后在画面中按住鼠标左键并拖动，即可绘制出相应的线条，如下左图所示。当改变笔刷笔触的类型时，画出的线条样式也随即改变，如下右图所示。

2.4.3 "喷涂"艺术笔

　　"喷涂"模式的艺术笔是以一组预设图案作为笔触来进行绘制的,而且图案的选择非常多,可以对图案的大小、间距、旋转进行设置。下图为"喷涂"模式的属性栏。

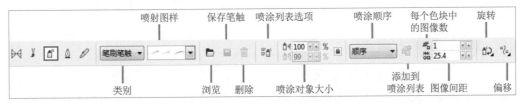

　　单击艺术笔工具按钮⚲后,单击属性栏中的"喷涂"按钮🖌,然后单击"类别"下拉按钮,在下拉列表中选择需要的笔触类别,在"喷射图样"下拉列表中选择笔触的形状,设置合适的"喷涂对象大小"。设置完毕后按住鼠标左键并拖动即可绘制相应的效果,如右图所示。

2.4.4 "书法"艺术笔

　　"书法"模式是通过计算曲线的方向和笔头的角度来更改笔触的粗细,从而模拟出书法的艺术效果。在艺术笔工具属性栏中单击"书法"按钮🖌,在"书法角度"数值框🖌⓪　　中设置书法笔触的角度,然后在画面中按住鼠标左键并拖动进行绘制。

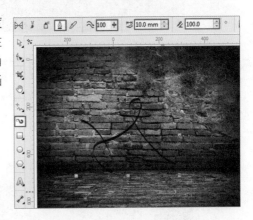

2.4.5 "压力"艺术笔

　　"压力"模式是模拟使用压感笔绘画的绘图效果。在艺术笔工具属性栏中单击"压力"按钮🖌,将鼠标移至绘图区中,按住鼠标左键并拖动进行绘制。

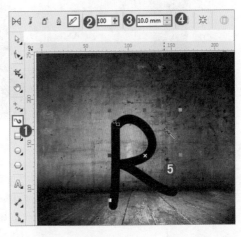

2.5 度量工具

在进行精确绘图时，经常需要对画面中的尺寸进行标注，这时需要使用度量工具。在CorelDRAW中有五种度量和标注工具：平行度量工具、水平或垂直度量工具、角度量工具、线段度量工具、3点标注工具。

2.5.1 平行度量工具

平行度量工具能够度量任何角度的对象。单击平行度量工具按钮，按住鼠标左键定位度量起点，然后拖动鼠标到度量的终点，如下左图所示。接着释放鼠标并向侧面拖动光标，再次单击完成度量，如下右图所示。

2.5.2 水平或垂直度量工具的应用

水平或垂直度量工具只能进行水平方向或垂直方向的度量。单击水平或垂直度量工具按钮，在度量起点处按住鼠标左键，拖曳到度量终点松开光标，如下左图所示。接着释放鼠标并向侧面拖动光标，再次单击完成度量，如下右图所示。

2.5.3 角度量工具

角度量工具用于度量对象的角度。单击角度量工具按钮，在度量起点按住鼠标左键并拖曳一定长度，如下左图所示。释放鼠标后移动到另一位置，确定要度量的角度，如下中图所示。再次移动光标定位度量角度产生的饼形直径，并单击左键完成度量，如下右图所示。

中文版CorelDRAW X7艺术设计精粹案例教程

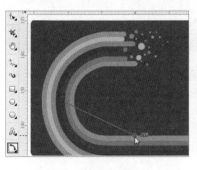
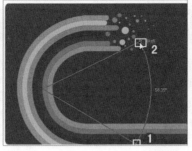
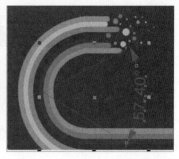

2.5.4　线段度量工具

线段度量工具是用于度量单个线段或多个线段上结束节点间的距离。单击线段度量工具按钮，按住鼠标左键拖曳出能够覆盖要测量对象的虚线框，如下左图所示。松开光标后向侧面拖曳，再次释放鼠标，单击左键得到度量结果，如下右图所示。

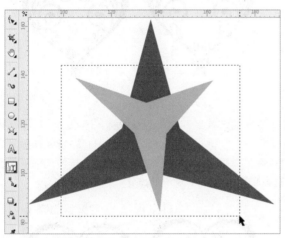
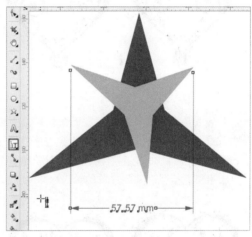

2.5.5　3点标注工具

单击工具箱中的3点标注工具按钮，在需要标注对象的位置按住鼠标左键，确定标注箭头的位置。此时在属性栏中可以看到3点标注工具的设置选项，在"标注形状"列表中选择一种形状，在"间隙"数值框中设置文本和标注形状之间的距离。接着拖动光标到第二个点处释放鼠标，接着移动鼠标到第三个点处单击，如下左图所示。标注线绘制出来后，接着光标在标注线末端变为文本输入的状态，键入文字并在属性栏中设置合适的字体属性，如下右图所示。

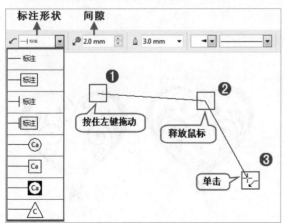
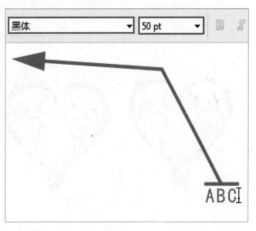

知识延伸：使用连接器连接对象

连接器工具可以将矢量图形通过连接对象锚点的方式用线连接起来。连接后的两个对象中，如果移动其中一个对象，连线的长度和角度会发生相应的改变，但连接关系将保持不变。在CorelDRAW中包括多种连接器工具：直线接连器工具、直角连接器工具、圆直角连接符工具和编辑锚点工具。

单击直线连接器工具按钮，在第一个要连接的对象上按住鼠标左键并拖曳到另一个对象上。松开鼠标后两个对象之间出现了一条连接线，此时两个对象就被连接在一起了，如下左图所示。如果想要调整连接线在对象上的连接位置，可以使用形状工具选中线段节点，按住左键然后将节点进行拖曳至合适位置，如下右图所示。选择连接线，按下键盘上的Delete键可删除连接线。

直角连线器工具在连接对象时会生成转折处为直角的连接线，拖动连接线上的节点，可以移动连接线的位置和形状。单击工具箱中的直角连接器工具按钮，在其中一个对象上按住鼠标左键并向垂直方向或水平方向移动，拖曳出连接线，光标位置偏离原有方向就会产生带有直角转角的连接线，如下左图所示。最后将光标移动到要连接的第二个对象上，单击即可完成两个对象的连接，如下右图所示。

圆直角连接符工具与直角连接器工具的使用方法相似，差别在于圆直角连接符工具绘制的连线转角是柔和的圆角。单击工具箱中的圆直角连接符工具按钮，在第一个对象上按住鼠标左键，然后移动光标到另一个对象上，释放鼠标后两个对象以圆角连接线进行连接，如下图所示。

在使用连接器工具时，对象周围总会出现多个红色的菱形块◇，这些◇称为"锚点"。在使用连接器工具时不仅可以直接连接在对象上，也可以在这些锚点上进行对象的连接。编辑锚点工具就是用于移动、旋转、删除这些锚点的。单击编辑锚点工具按钮，在对象周围的锚点上单击，被选中的锚点变为◆。按住鼠标左键并移动，可以调整锚点的位置，如下左图所示。如果锚点的数量不够，可以在所选位置上双击增加锚点，如下中图所示。如果要删除某个锚点，可以选中该锚点，然后单击属性栏中的"删除锚点工具"按钮，如下右图所示。

 上机实训：制作拼图招贴

案例文件

上机实训：制作拼图招贴.cdr

视频教学

上机实训：制作拼图招贴.flv

步骤01 执行"文件>新建"命令，在弹出的"创建新文档"对话框中设置"大小"为A4，然后单击"纵向"按钮，设置"原色模式"为RGB，"渲染分辨率"为300，单击"确定"按钮创建新文档。单击工具栏中的矩形工具按钮，在工作区中绘制一个与画布等大的矩形。在调色板中的灰色色块处单击，为矩形填充灰色，然后在调色板中的✕按钮处单击鼠标右键去除描边。

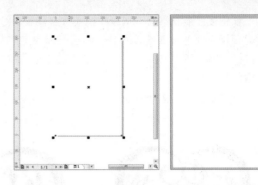

步骤 02 下面制作矩形边框。单击创建的矩形，使用快捷键Ctrl+C复制矩形，再使用快捷键Ctrl+V粘贴该矩形，然后在调色板中选择白色色块为矩形填充颜色。接着在图形四角的控制点处按住Shift键单击鼠标左键向内拖动，露出后方灰色的矩形，这样矩形边框就制作完成了。

步骤 03 下面制作画面中的文字部分，单击工具箱中的文本工具按钮，设置合适的字体、字号及颜色，然后在画面中键入文字。使用同样的方法制作出其他文字效果。

步骤 04 下面绘制画面中的直线部分。在工具箱中单击2点线工具按钮，然后在文字下方按住Ctrl键同时拖曳鼠标左键绘制直线。选择绘制的直线，在属性栏中选择"轮廓宽度"为1.0mm，在调色板中的黑色色块处单击鼠标右键，为两点线设置黑色轮廓，使用同样的方法绘制出其他两点线，并查看效果。

步骤 05 下面使用图纸工具绘制一个矩形网格。在工具箱中单击图纸工具按钮，在属性栏中设置"列数和行数"均为3，然后按住鼠标左键并拖曳，绘制表格。选择绘制好的表格，单击鼠标右键，在弹出的菜单中选择"转换为曲线"命令，接着单击鼠标右键，在弹出的菜单选择"取消组合所有对象"命令，将图表打散成多个小矩形。

步骤 06 下面制作画面中彩色色块部分。选择第一个矩形，在调色板中的浅灰色色块处单击，为矩形填充浅灰色，然后在调色板中的区按钮处单击鼠标右键去除描边。使用同样的方法制作出其他色块并查看效果。

步骤 08 使用鼠标拖曳的方法，缩放效果与实际矩形大小不一致的问题，下面使用"置于图文框内部"命令将图片制作成要求大小。单击导入的图片，多次使用快捷键Ctrl+Page Down将图片置于矩形下方。然后执行"对象>图框精确裁剪>置于图文框内部"命令，当光标变为黑色箭头时，单击顶部的矩形，此时图片即会准确地置入矩形框中。

步骤 07 接着我们制作画面中的图片部分。执行"文件>导入"命令，在弹出的"导入"对话框中选择素材3.jpg，单击"导入"按钮。然后参照矩形的大小来调整图片的大小，调整后松开鼠标可以看到素材3.jpg导入后的效果。

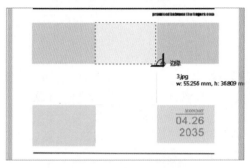

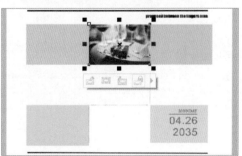

步骤 09 接着重复导入其他图片，然后调整其大小和位置，效果如右图所示。

步骤 10 最后制作画面底部的文字效果。单击工具箱中的矩形工具按钮▣，画出一个小的长方形，然后在调色板中单击黑色色块，为矩形填充黑色，接着在☒按钮处单击鼠标右键去掉描边，效果如右图所示。

步骤 11 单击工具箱中的文本工具⬚按钮，设置合适的字体、字号及颜色，然后在画面中键入文字，效果如右图所示。

步骤 12 接着使用同样的方法，制作出其他的文字效果，最终效果如右图所示。

课后练习

1. 选择题

(1) 以下不能够绘制直线线条的工具为_____。

    A. 2点线   B. 折线工具

    C. 钢笔工具   D. 3点曲线

(2) 矩形工具不能绘制以下哪种形状_____。

    A. 正方形   B. 长方形

    C. 五边形   D. 圆角矩形

(3) 艺术笔有_____种模式。

    A. 3   B. 4

    C. 5   D. 6

2. 填空题

(1) 使用快捷键_____可以选择文档中所有未锁定以及未隐藏的对象。

(2) _____工具可以在进行精确绘图时，对画面中的尺寸进行标注。

(3) "编辑>复制"命令的快捷键是_____，"编辑>粘贴"命令的快捷键是_____。

3. 上机题

下图的案例利用矩形工具制作画面的背景，利用椭圆工具绘制页面中的圆形，并通过颜色与透明度的设置丰富画面效果。

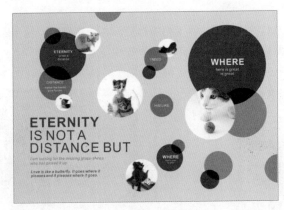

本章概述

本章主要讲解矢量图形的形态变化、矢量图形之间的运算、群组、解锁、多个对象的对齐分布、调整顺序等功能，通过这些功能的学习，帮助我们更好地对矢量图形进行编辑操作。

核心知识点

① 掌握切分与擦除类工具的使用方法

② 掌握对象造型功能的使用

③ 掌握图框精确剪裁的使用方法

④ 熟练掌握对象的对齐、分布、锁定、群组等管理操作

3.1 切分与擦除工具

工具箱中的裁剪工具组中包括"裁剪"、"刻刀"、"虚拟段删除"以及"橡皮擦"这几种工具，从名称上可以看出这些工具主要用于对象的切分、擦除、裁剪等操作。下面我们就来了解一下这些工具的使用方法。

3.1.1 裁剪工具

裁剪工具 可以通过绘制一个裁剪范围，将范围以外的内容清除。裁剪工具既可裁切位图也可以裁切矢量图。

单击工具箱中的裁剪工具按钮 ，在画面中按住鼠标左键并拖动，绘制出一个裁剪框，如下左图所示。再次单击裁剪框，裁剪框会变为旋转状态，如下中图所示。调整到合适大小后双击该裁剪框，或按Enter键完成裁剪，裁剪框以外的区域被去除，如下右图所示。

3.1.2 刻刀工具

刻刀工具 用于将矢量对象拆分为多个独立对象。单击刻刀工具按钮 后，若单击属性栏中的"保留为一个对象"按钮 ，切分之后仍然为一个对象，若不单击该按钮，对象将切分为两个独立对象。单击"剪切时自动闭合"按钮 ，在进行切割时可以自动将路径转换为闭合状态。

将光标移到路径上，当光标变为 时单击，此处的路径将被断开，如下左图所示。接着将光标移动到另一个位置再次单击，即可完成切分，如下中图所示。此时对象被切分为两个部分，将其中一个部分选中后即可移动，如下右图所示。

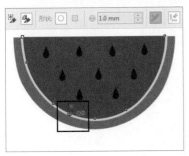 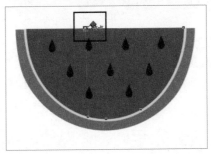 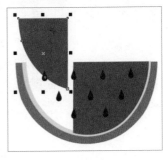

3.1.3 虚拟段删除工具

虚拟段删除工具 用于删除对象中重叠的线段。单击虚拟段删除工具按钮 ，将鼠标移至所要删除的虚拟段，当光标变为 时，单击鼠标左键进行删除。也可以按住左键并拖动绘制一个矩形范围，释放鼠标后，矩形选框以内的部分将被删除。

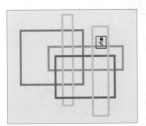 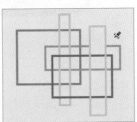 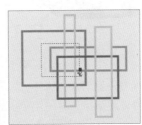 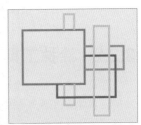

3.1.4 橡皮擦工具

橡皮擦工具 可对矢量对象或位图对象上的局部进行擦除。橡皮擦工具在擦除部分对象后可自动闭合受到影响的路径，并使该对象自动转换为曲线对象。单击工具箱中的橡皮擦工具按钮 ，将鼠标光标移至曲线的一侧，按住左键拖动至另一侧，释放鼠标，曲线被分成两个线段，如下中图、下右图所示。

- 橡皮擦厚度：用于设置橡皮擦工具的笔尖大小。
- 橡皮擦形状：切换橡皮擦的形状为圆形 或方形 。

3.2 形状编辑工具

形状工具组中包括多种可用于矢量对象形态编辑的工具，形状工具在上一个章节中进行过讲解，本节主要讲解另外几种形状编辑工具："平滑"、"涂抹"、"转动"、"吸引"、"排斥"、"沾染"、"粗糙"。

3.2.1 平滑工具

平滑工具🖌️，顾名思义就是用于将边缘粗糙的矢量对象边缘变得更加平滑的工具。选择一个矢量对象，单击工具箱中的平滑工具🖌️按钮，在属性栏中设置合适的笔尖半径⊖ 50.0 mm 🔁以及平滑速度🖌️ 20 ➕，设置完毕后在需要平滑的边缘处涂抹，如下左图所示。涂抹后粗糙的轮廓变得平滑，如下右图所示。

3.2.2 涂抹工具

涂抹工具🖌️通过拖动调整矢量对象边缘或位图对象边框，从而使其产生变形效果。单击工具箱中的涂抹工具🖌️，在属性栏中可以对涂抹工具的半径、压力、笔压、平滑涂抹和尖状涂抹进行设置，然后在对象边缘按住鼠标左键并拖动，如下左图所示。松开鼠标后，对象会产生变形效果，如下右图所示。

3.2.3 转动工具

转动工具🖌️可以在矢量对象的轮廓线上添加顺时针/逆时针的旋转效果。单击工具箱中的转动工具按钮🖌️，在属性栏中对半径、速度进行设置，单击❑进行逆时针转动，单击❑进行顺时针转动。设置完毕后在矢量对象边缘处按住鼠标左键，如下左图所示。按住鼠标的时间越长，对象产生的变形效果越强烈，如下右图所示。

3.2.4　吸引工具

　　吸引工具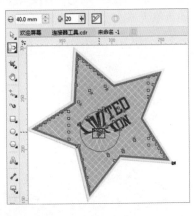是通过吸引节点的位置改变对象形态。单击吸引工具按钮，在属性栏中可以对笔尖大小、速度进行设置。设置完毕后将圆形光标覆盖在要调整对象的节点上，按住鼠标左键，如下左图所示。按住光标的时间越长，节点越靠近光标，如下右图所示。

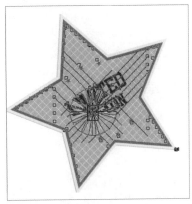

3.2.5　排斥工具

　　排斥工具是通过排斥节点的位置改变对象形态。单击排斥工具按钮，在属性栏中可以对笔尖大小、速度进行设置。设置完毕后将圆形光标覆盖在要调整对象的节点上，按住鼠标左键，如下左图所示。按住光标的时间越长，节点越远离光标，如下右图所示。

3.2.6　沾染工具

　　沾染工具可以在原图形的基础上添加或删减区域。在属性栏中可以对笔尖大小、笔压和笔倾斜角度等进行设置。设置完毕后在矢量对象边缘处按住鼠标左键并拖动，如下左图所示。如果笔刷的中心点在图形的内部，则添加图形区域；如果笔刷的中心点在图形的外部，则删减图形区域，如下右图所示。

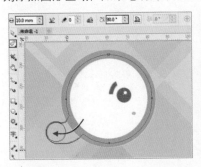

- **笔尖半径**：设置笔尖大小，数值越大画笔越大。
- **笔压**：启用该选项后在使用手绘板绘图时，可以根据笔压更改涂抹效果的宽度。
- **干燥**：用于控制绘制过程中笔刷的衰减程度。数值越大，笔刷的绘制路径越尖锐，持续长度较短；数值越小，笔刷的绘制越圆润，持续长度也较长。
- **使用笔倾斜**：启用该选项后在使用手绘板绘图时，通过更改手绘笔的角度来改变涂抹的效果。
- **笔倾斜**：更改涂抹时笔尖的形状，数值越大笔尖越接近圆形，数值越小笔尖越窄。
- **使用笔方位**：启用该选项后在使用手绘板绘图时，启用笔方位设置。
- **笔方位**：通过设置数值更改涂抹工具的方位。

3.2.7 粗糙工具

粗糙工具可以使平滑的矢量线条变得粗糙。单击工具箱中的粗糙工具按钮，在属性栏中可以对笔尖、压力等参数进行设置。在对象边缘按住鼠标左键并拖动，如下左图所示，平滑的边缘将变得粗糙，如下右图所示。

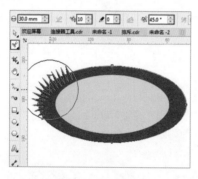 

案例项目：使用液化变形工具制作清爽户外广告

案例文件

使用液化变形工具制作清爽户外广告.cdr

视频教学

使用液化变形工具制作清爽户外广告.flv

步骤01 执行"文件>新建"命令，创建一个A4大小的文档。单击工具栏中的矩形工具按钮，在工作区中绘制一个与画布等大的矩形，设置填充色为淡蓝色，去掉轮廓，效果如右图所示。

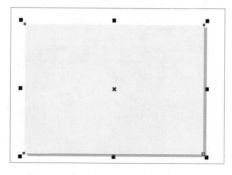

中文版CorelDRAW X7艺术设计精粹案例教程

步骤02 在工具箱中选择椭圆形工具◎按钮，按住鼠标左键并拖动，绘制出一个椭圆。选中该椭圆，将椭圆填充为蓝色，去掉轮廓，如下左图所示。下面对椭圆进行变形，单击工具箱中的沾染工具按钮✐，在属性栏中设置笔尖半径为50mm，在椭圆上按住鼠标向外拖动，此时椭圆将出现变形效果，如下右图所示。

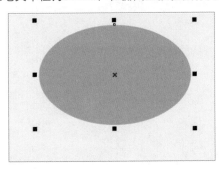
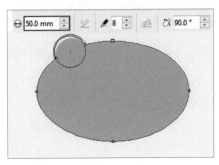

步骤03 接着设置较大的画笔大小，继续使用沾染工具在椭圆边缘的其他位置进行向外涂抹，制作出如下左图所示的效果。在工具箱中选择椭圆形工具◎按钮，在空白处拖动鼠标左键的同时按住Ctrl键，绘制出一个小圆。选中该圆，将其填充为黄色，去掉轮廓，效果如下右图所示。

步骤04 选择工具箱中的文本工具≡按钮，设置合适的字体、字号及颜色，然后在绘制面中键入文字，如下左图所示。用同样的方法制作出其他文字，效果如下右图所示。

步骤05 下面对文字进行旋转设置。选中一行文字，在属性栏中设置旋转角度后，按下Enter键，如下左图所示。使用同样方法对其他的文字进行调整，如下右图所示。

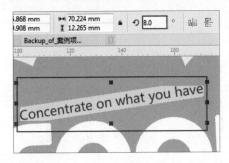

步骤 06 执行"文件>导入"命令，在弹出的"导入"对话框中选择素材1.cdr，然后调整其大小和位置，效果如下左图所示。然后制作底部的不规则图形，单击工具箱中的矩形工具按钮，按住鼠标左键绘制出一个与画面长度相同的长方形，设置填充色为浅蓝色，去掉轮廓，如下右图所示。

步骤 07 单击工具箱中的涂抹工具按钮，在属性栏中设置笔尖半径，在长方形上按住鼠标左键向下拖动，如下左图所示。接着更改画笔大小，涂抹矩形上的其他区域，涂抹后的效果如下右图所示。

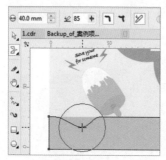 

3.3　对象的变换

　　使用选择工具选择对象时，可以直接对其进行移动、旋转、缩放镜像、斜切、透视等操作。除此之外，利用自由变换工具和"变换"泊坞窗还可以进行精确数值的变换操作。

3.3.1　自由变换工具

　　自由变换工具提供了一种手动进行对象自由变换的方法。选中一个矢量对象，在属性栏中可选择变换方法："自由旋转"、"自由角度反射"、"自由缩放"和"自由倾斜"。在对象上单击确定一个变换的轴心，按住鼠标左键拖动光标，即可改变对象的形态。下图为自由变换工具的属性栏。

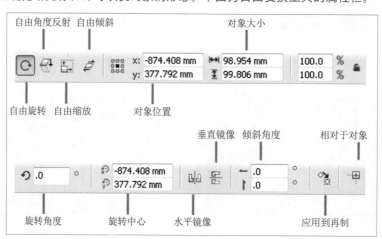

中文版CorelDRAW X7艺术设计精粹案例教程

- ⟳ **自由旋转**：确定一个旋转轴，按住鼠标左键并拖动，释放鼠标得到旋转结果。
- ⟷ **自由角度反射**：确定一条反射的轴线，然后拖动对象位置来反射对象。
- ⬚ **自由缩放**：确定一个缩放中心点，然后以该中心点对图像进行任意的缩放操作。
- ⬚ **自由倾斜**：确定一条倾斜的轴线，然后在选定的点上按住鼠标左键并拖动，即可倾斜对象。
- ⬚ **应用到再制**：单击该按钮，可以将变换应用到再制的对象上。

3.3.2 变换泊坞窗

在"窗口>泊坞窗>变换"命令的子菜单中有多个命令："位置"、"旋转"、"缩放和镜像"、"大小"、"倾斜"，执行这些命令都可以打开相应的变换泊坞窗。这些变换命令的使用方法非常相似，下面以"旋转"命令为例进行介绍。

选中一个对象，如下左图所示。执行"窗口>泊坞窗>变换>旋转"命令，在打开的泊坞窗中，首先需要确定旋转中心的位置，可以在"中心"区域下方的x、y数值框 中输入数值，也可以通过单击"相对中心"下方 上的相应按钮，设置中心点位置。在"旋转角度"数值框 中输入旋转角度。"副本"用于设置应用当前变换参数并复制出的对象数目，设置完毕后单击"应用"按钮，如下中图所示。此时出现了另外两个副本，而且每个副本依次旋转30°，如下右图所示。

3.3.3 "清除变换"命令

执行"对象>变换>清除变换"命令，可以去除对图形进行过的变换操作，将对象还原到变换之前的效果。

3.3.4 "重复旋转"命令

执行"编辑>重复旋转"命令能够将上一次对图形执行变换操作的参数重复应用到当前对象上。例如将一个对象进行过旋转的操作，接下来使用"编辑>重复旋转"命令，可以使对象按照上次旋转角度再次旋转，如下图所示。

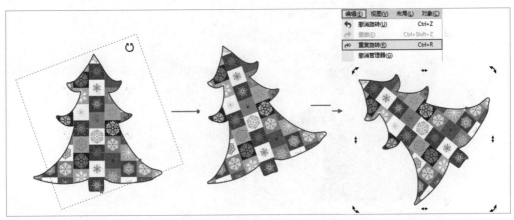

3.4 对象的造型

多个矢量对象之间可以进行相加相减的造型运算操作。选择两个或两个以上对象，在属性栏中即可出现造型命令的按钮，如下左图所示。执行"窗口>泊坞窗>造型"命令，可以打开"造型"泊坞窗。在"造型"泊坞窗中单击类型下拉按钮，可以对造型类型进行选择，如下右图所示。

3.4.1 "合并"按钮

"合并"按钮（在"造型"泊坞窗中称为"焊接"）可以将两个或多个对象结合在一起成为一个独立对象。选中需要焊接的多个对象，单击属性栏中的"合并"按钮，如下左图所示。此时多个对象被合并为一个对象，如下右图所示。

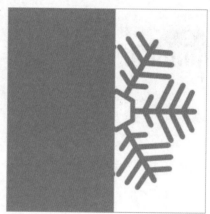

3.4.2 "修剪"按钮

"修剪"按钮可以使用一个对象的形状剪切下另一个形状的一个部分，修剪完成后目标对象保留其填充和轮廓属性。选择需要修剪的两个对象，单击属性栏中的"修剪"按钮，如下左图所示。移走顶部对象后，可以看到重叠区域被删除了，如下右图所示。

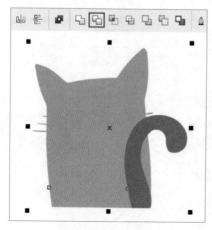

3.4.3 "相交"按钮

"相交"按钮⬚可以将对象的重叠区域创建为一个新的独立对象。选择两个对象，单击属性栏中的"相交"按钮⬚，如下左图所示，对两个图形相交的区域进行保留，移动图像后可看见相交后的效果，如下右图所示。

3.4.4 "简化"按钮

"简化"按钮⬚可以去除对象间重叠的区域。选择两个对象，单击属性栏中的"简化"按钮⬚，如下左图所示。移动图像后可看见简化后的效果，如下右图所示。

3.4.5 "移除后面对象"按钮

"移除后面对象"按钮⬚可以利用上层对象的形状，减去下层对象中的部分。选择两个重叠的对象，单击属性栏中的"移除后面对象"⬚按钮，如下左图所示。此时下层对象消失了，同时上层对象中下层对象形状范围内的部分也被删除了，如下右图所示。

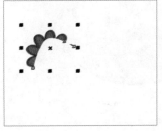

3.4.6 "移除前面对象"按钮

"移除前面对象"按钮可以利用下层对象的形状，减去上层对象中的部分。选择两个重叠对象，单击属性栏中的"移除前面对象"按钮，如下左图所示。此时上层对象消失了，同时下层对象中上层对象形状范围内的部分也被删除，如下右图所示。

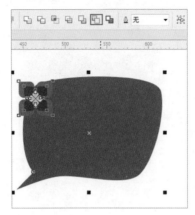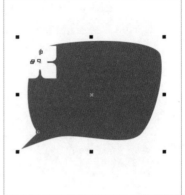

3.4.7 "边界"功能

"边界"功能能够以一个或多个对象的整体外形创建矢量对象。选择多个对象，单击属性栏中的"创建边界"按钮，或执行"对象>造形>边界"命令，如下左图所示。可以看到图像周围出现一个与对象外轮廓形状相同的图形，如下右图所示。

案例项目：使用造型制作节日促销BANNER

案例文件

使用造型制作节日促销BANNER.cdr

视频教学

使用造型制作节日促销BANNER.flv

中文版CorelDRAW X7艺术设计精粹案例教程

步骤 01 执行"文件>新建"命令，在弹出的"创建新文档"对话框中设置"大小"为A4，然后单击"横向"按钮，设置"原色模式"为RGB，"渲染分辨率"为300，单击"确定"按钮新建新文档，如下左图所示。单击工具箱中的矩形工具按钮▢，在工作区中绘制一个与画布等大的矩形。选中该矩形，单击工具箱中的"交互式填充工具"按钮◆，然后单击属性栏中的"渐变填充"按钮，接着设置渐变类型为"线性渐变填充"，将两个节点分别设置为粉色和白色，如下右图所示。

 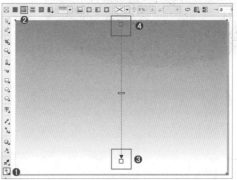

步骤 02 下面制作出云朵图形。单击工具箱中的椭圆工具，在画面中绘制多个重叠的椭圆。然后选中这些圆形，单击属性栏中的"合并"按钮，如下左图所示。此时多个圆形合并为一个云朵形状的图形，如下右图所示。

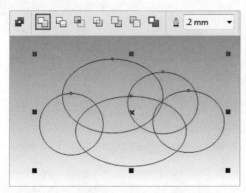 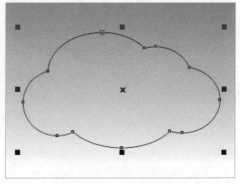

步骤 03 在调色板中更改这个云朵形状图形的颜色为暗红色，去除轮廓，如下左图所示。接着使用快捷键Ctrl+C进行复制操作，然后使用快捷键Ctrl+V粘贴形象，复制出一个相同的图形。将复制的云朵填充为艳丽的粉红色，并适当向上移动，如下右图所示。

步骤 04 将云朵对象再复制一个，将其填充为白色，在工具箱中选择椭圆形◯工具，在空白处按住鼠标左键并拖动，绘制出一个椭圆，如下左图所示。选中白色的云和新绘制的椭圆，执行"对象>造型>移除前面对象"命令，修剪后的效果如下右图所示。

步骤 05 在工具箱中单击透明度工具 按钮，在属性栏中选择透明度的类型，调节透明度的大小为90%，如下左图所示。然后单击工具箱中的文本工具 按钮，设置合适的字体、字号及颜色，然后在绘制面中键入文字，如下右图所示。

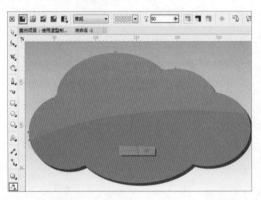 

步骤 06 使用同样的方法制作出其他文字，效果如下左图所示。选择云朵图形，复制一层，按住鼠标左键的同时按住Shift键进行缩放，去掉填充色，设置轮廓颜色为白色，如下右图所示。

步骤 07 在属性栏中设置轮廓宽度为2mm，线条样式为虚线，效果如右图所示。

提示 单击界面右下角轮廓笔按钮 ，打开"轮廓笔"设置窗口，也可以进行描边样式的设置。

步骤 08 下面导入装饰素材。执行"文件>导入"命令，在弹出的"导入"对话框中选择素材1.png，单击"导入"按钮，如下左图所示。调整其大小和位置，效果如下右图所示。

3.5 "图框精确剪裁"功能

"图框精确剪裁"功能是将一个矢量对象作为"图框"或"容器"，其他内容（可以是矢量对象或位图对象）可以置入到图框中，而置入的对象只显示图框形状范围内的区域。应用方法是先创建一个矢量对象作为"图框"，如下左图所示，然后将需要放在图框中的内容放在图框上方，如下右图所示。

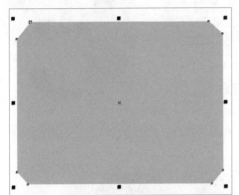 

用选择工具选中内容后，执行"对象>图框精确剪裁>置于图文框内部"命令。当鼠标指针变成黑色箭头时，单击图框对象，图像就会被放置在不规则图形中，如下左图所示。进行"图框精确剪裁"后是不能直接对放置在"容器"内的图像进行编辑的，如果想要编辑内容对象，需要执行"对象>图框精确剪裁>编辑PowerClip"命令，此时可以看到容器图形变为蓝色的框架，图框中的内容也被完整的显示出来。此时可以对该内容进行调整或者替换，编辑完成后单击鼠标右键，执行"结束编辑"命令，即可回到完整画面中，如下右图所示。

 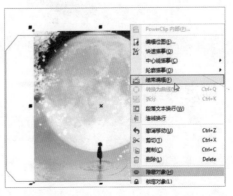

3.6　对象管理

多个对象之间可以进行堆叠顺序的调整以及对齐、分布的设置，下面我们就来学习一下多个对象的管理操作。

3.6.1　调整对象堆叠顺序

当文档中存在多个对象时，对象的上下堆叠顺序将影响画面的显示效果。选择要调整顺序的对象，如下左图所示。执行"对象>顺序"命令，在弹出的子菜单中选择相应命令，如下中图所示。这些命令的使用方法基本相同，从命令的名称上就能了解到这些命令的用途，例如执行"对象>顺序>到页面前面"命令，即可使当前对象移动到画面的最上方，如下右图所示。

在子菜单中选择"置于此对象前"命令，光标变为黑色箭头，然后选择前一层，如下左图所示。此时对象则会移动到单击对象的上方，如下右图所示。

3.6.2　锁定对象与解除锁定

"锁定"命令可以将对象固定，使其不能被编辑。选择需要锁定的对象，执行"对象>锁定>锁定对象"命令，或在选定的图像上单击鼠标右键，执行"锁定对象"命令，当图像四周出现8个锁型图标，表示当前图像处于锁定的、不可编辑状态。如下左图所示。在锁定的对象上单击右键，执行"解锁对象"命令，可以将对象的锁定状态解除，使其能够被编辑，如下右图所示。

> **提示** 执行"对象>锁定>对所有对象解锁"命令,可以快速解锁文件中被锁定的多个对象。

3.6.3 群组与取消群组

"群组"是指将多个对象临时组合成一个整体。组合后的对象保持其原始属性,但是可以进行同时的移动、缩放等操作。选中需要群组的多个对象,执行"对象>组合>组合对象"命令(快捷键Ctrl+G),或单击属性栏中的"组合对象"按钮 ,可以将所选对象进行群组,如下左图所示。如果想要取消群组,可以选中需要取消群组的对象,执行"对象>组合>取消组合对象"命令,或单击"选择工具"属性栏中"取消组合对象工具"按钮 ,如下右图所示。取消群组之后,对象之间的位置关系、前后顺序等不会发生改变。

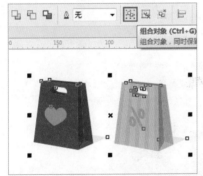

> **提示** 若文件中包含多个群组,想要快速将全部群组进行取消时,可执行"对象>组合>取消组合所有对象"命令取消全部群组。

3.6.4 使用"对象管理器"管理对象

执行"窗口>泊坞窗>对象管理器"命令,默认情况下在打开"对象管理器"面板中可以看到"主页面"和"页面1"折叠按钮,如右图所示。"主页面"中包含了应用于文档中所有页面信息的虚拟页面,默认情况下"主页面"包含三个图层:辅助线、桌面和文档网格。主页面上的内容将会出现在每一个页面中,常用于添加页眉、页脚、背景等。而创建的图形内容则出现在"页面1"上。

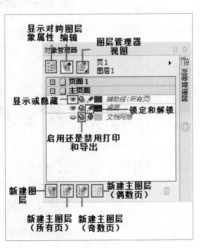

- **辅助线**：辅助线图层包含用于文档中所有页面的辅助线。
- **桌面**：桌面图层包含绘图页面边框外部的对象，该图层可存储稍后可能要包含在绘图中的对象。
- **文档网格**：文档网格图层包含用于文档中所有页面的网格，网格始终为底部图层。

> **提示** 每个图层前都有一个"显示或隐藏"按钮，当按钮显示为 ● 时，表示该图层上的对象为隐藏状态。显示为 ◉ 时表示图层中的对象被显示出来。

在"对象管理器"泊坞窗中，单击即可选中要操作的图层，添加的对象也会出现在这一图层中，如下左图所示。单击"新建图层"按钮 📋，即可新建图层，如下中图所示。若想调整图层的堆叠顺序，可以按住鼠标左键并将图层拖曳到想要摆放的位置即可，如下右图所示。

3.6.5 对象的对齐与分布

当文档中包含多个对象时，如果想要将这些对象均匀的排列出来，就需要进行"对齐"和"分布"操作。

选择需要对齐的两个或两个以上对象，执行"对象>对齐和分布>对齐与分布"命令，打开"对齐与分布"泊坞窗，如右图所示。

在"对齐与分布"泊坞窗中，分为"对齐"和"分布"选项组，左侧为"对齐"选项组的设置按钮，分别是： 📐 "左对齐"、 📐 "水平居中对齐"、 📐 "右对齐"、 📐 "顶对齐"、 📐 "垂直居中对齐"、 📐 "底端对齐"。单击相应的按钮即可更改对齐方式，右图分别为水平居中对齐和底对齐的显示效果。

"对齐与分布"泊坞窗中的"分布"选项组中，显示的按钮有：⊞"左分散排列"、⊞"水平分散排列中心"、⊞"右分散排列"、⊞"水平分散排列间距"、⊟"顶部分散排列"、⊟"垂直分散排列中心"、⊟"底部分散排列"、⊞"垂直分散排列间距"。单击相应的按钮即可更改对象分布方式，下图为左分散排列和顶部分散排列的显示效果。

3.6.6 "再制"功能

　　选择一个对象，执行"编辑>再制"命令，打开"再制偏移"对话框，在"水平偏移"与"垂直偏移"数值框中设置复制出的对象与原始对象之间的X/Y两个轴向的距离，单击"确定"按钮后可以看到再制出的对象出现在原图像右上方，如下图所示。

3.6.7 克隆对象

　　选择一个对象，执行"编辑>克隆"命令，然后对克隆出的对象进行移动，如下左图所示。对原始对象进行更改时，所做的任何更改都会自动反映在克隆对象中，如下中图所示。对克隆对象进行更改时，并不会影响到原始对象，如下右图所示。

提示　通过还原为原始对象操作，可以移除对克隆对象所做的更改。如果想要还原到克隆的主对象，可以在克隆对象上单击鼠标右键，执行"还原为主对象"命令，在弹出的对话框中可以进行相应的设置。

3.6.8 "步长和重复"泊坞窗

选择需要复制的对象，执行"编辑>步长和重复"命令，可以通过设置偏移距离以及副本份数快速的精确复制出多个对象。在打开的"步长和重复"泊坞窗中分别对"距离"、"方向"和"份数"进行设置，单击"应用"按钮结束操作，即可按设置的参数复制出相应数目的对象。

 ## 知识延伸：对象的合并与拆分

"合并"命令可以将多个对象合成为一个新的具有其中一个对象属性的整体。选择需要合并的多个对象，单击选择工具属性栏中"合并"按钮，即可将所选中的对象进行合并，合并后的对象具有和原对象相同的轮廓和填充属性。

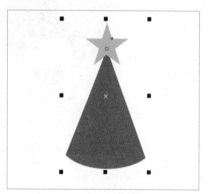 

"拆分"命令可以将"合并"过的图形或应用了特殊效果的图像拆分为多个独立的对象。选中需要拆分的对象，单击选择工具属性栏中的"拆分"按钮，或使用快捷键Ctrl+K，这时原始对象与阴影部分被拆分为两个独立个体，如下图所示。

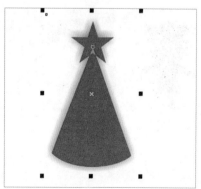 

上机实训：使用修剪工具制作炫彩名片

案例文件
使用修剪制作炫彩名片.cdr

视频教学
使用修剪制作炫彩名片.flv

01
02
03
编辑矢量图形
04
05
06
07
08
09
10
11
12

步骤 01 执行"文件>新建"命令，在弹出的"创建新文档"对话框中设置"大小"为A4，然后单击"横向"按钮，设置"原色模式"为RGB，"渲染分辨率"为300，单击"确定"按钮，创建新文档，如下图所示。

步骤 02 首先制作画面背景。单击工具箱中的矩形工具按钮，在工作区中绘制一个与画布等大的矩形，选中该矩形，在调色板中单击灰色色块，为矩形填充灰色，在调色板中的✕按钮处单击鼠标右键，去掉轮廓，如下图所示。

步骤 03 然后绘制一个白色矩形，作为名片的底色，如下图所示。

步骤 04 下面制作画面中的矩形彩条部分，单击工具箱中的图纸工具按钮，在属性栏中设置"列数和行数"分别为1和5，然后按住鼠标左键拖动绘制图形，如下图所示。

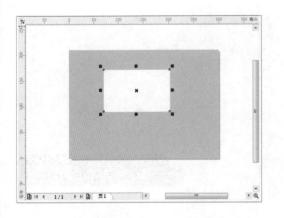

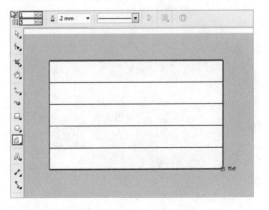

步骤 05 选择图形并单击鼠标右键，在弹出的快捷菜单中选择"转化为曲线"命令，如下图所示。

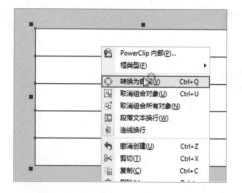

步骤 06 再次单击鼠标右键，在弹出的快捷菜单选择"取消组合所有对象"命令，将图纸对象打散成多个小长方形，如下图所示。

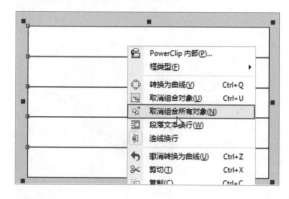

步骤 07 下面为矩形添加颜色。单击第一排的矩形，在调色板中的黄色色块处单击，为矩形填充黄色，然后在调色板中的☒按钮处单击鼠标右键去除轮廓，如下图所示。

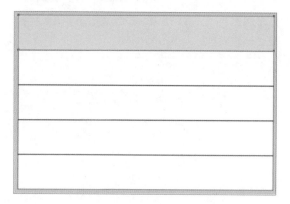

步骤 08 使用同样方法为其他矩形填充颜色，效果如下图所示。

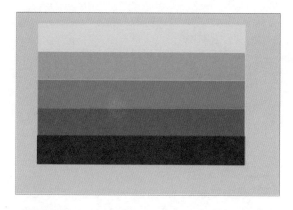

步骤 09 下面绘制一个正圆。在工具箱中选择椭圆形工具◯，在空白处按住Ctrl键的同时拖动鼠标绘制出一个正圆。选中该圆，在调色板中的任意颜色色块处单击，为正圆填充颜色，然后在调色板中的☒按钮处单击鼠标右键，去除轮廓，如下图所示。

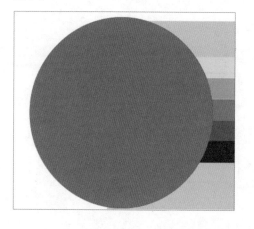

步骤 10 下面利用"造型"命令对彩条背景进行修改。选中一个矩形后，按住Shift键的同时分别单击其他矩形，将其选中，使用群组快捷键Ctrl+G将其群组，如下图所示。

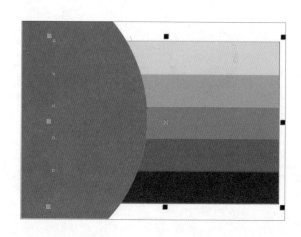

步骤 11 选中组合后的矩形后，按住Shift键并单击圆形，将其选中。执行"对象>造型>移除前面对象"命令，此时彩条背景中圆形的区域被去掉了，修剪后的效果如下图所示。

步骤 12 下面制作名片中的标志。在工具箱中选择椭圆形工具⊙，按住Ctrl键绘制出一个正圆，将其填充为黑色，去掉轮廓，效果如下图所示。

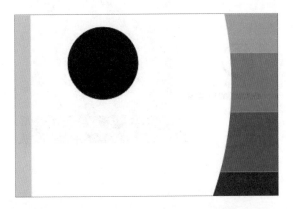

步骤 13 单击该圆形，使用快捷键Ctrl+C进行复制操作，再使用快捷键Ctrl+V，粘贴该圆形，按住鼠标左键向下拖动的同时按住Shift键向内缩放，为其填充白色并调整摆放位置，如下图所示。

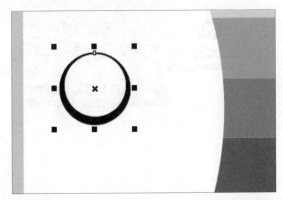

步骤 14 单击选中白色圆的同时，按住Shift键选中黑色圆，执行"对象>造型>移除前面对象"命令，效果如下图所示。

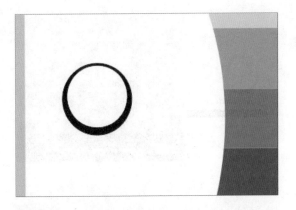

步骤 15 单击工具箱中的矩形工具按钮⊡，在空白处画出一个小长方形，为该长方形设置填充颜色为黑色并去掉轮廓，如下图所示。

步骤 16 下面制作文字部分。选择工具箱中的"文本工具"字，设置合适的字体、字号及颜色，然后在绘制面中键入文字，如下图所示。

步骤 17 使用同样的方法制作出其他文字，效果如下图所示。

步骤 18 下面导入素材中的图片。执行"文件>导入"命令，在弹出的"导入"对话框中选择素材1.CDR，如下图所示。

步骤 19 素材导入到画面中后，调整其大小和位置，效果如下图所示。

步骤 20 下面制作名片展示效果。选择名片中的白色背景，单击工具箱中的阴影工具按钮，在名片上单击并进行拖动，如下图所示。

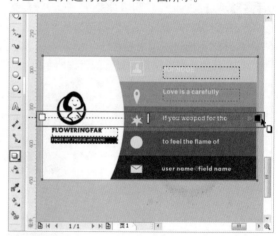

步骤 21 在属性栏中调节阴影的方向使其向外，如下图所示。

步骤 22 调节完成后，设置名片底色为浅灰色，效果如下图所示。

步骤 23 单击页面中的空白处，然后单击工具箱中的选择工具按钮，拖动鼠标全选名片内容。使用群组快捷键Ctrl+G，将其群组。使用快捷键Ctrl+C复制该名片，再使用快捷键Ctrl+V粘贴该名片。单击复制的名片，使其变为旋转模式，将鼠标放在名片四角处可旋转的角点处，按住鼠标左键拖动，进行旋转操作，最终效果如下右图所示。

中文版CorelDRAW X7艺术设计精粹案例教程

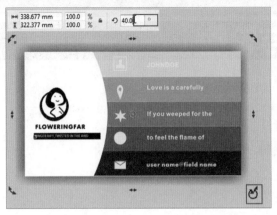

课后练习

1. 选择题

(1) _____工具可对矢量对象或位图对象的局部进行擦除。

　　A. 橡皮擦工具　　　　　　　　　　　B. 刻刀工具

　　C. 虚拟段删除工具　　　　　　　　　D. 排斥工具

(2) 选中两个矢量对象,在属性栏中单击_____按钮,可以将两个或多个对象结合在一起成为一个独立对象。

　　A. ▣　　　　　　　　　　　　　　　B. ▣

　　C. ▣　　　　　　　　　　　　　　　D. ▣

(3) 自由变换工具提供了一种手动进行对象自由变换的方法。以下_____的方式是自由变换工具不能够进行的。

　　A. 自由旋转　　　　　　　　　　　　B. 自由缩放

　　C. 自由倾斜　　　　　　　　　　　　D. 自由扭曲

2. 填空题

(1) 执行_____命令,可以去除对图形进行过的变换操作,将对象还原到变换之前的效果。

(2) _____工具用于将边缘粗糙的矢量对象边缘变得更加平滑。

(3) _____工具可以将矢量对象拆分为多个独立对象。

3. 上机题

本案例是一个标志设计,标志中图案部分利用工具箱中的椭圆工具进行制作,然后使用粗糙工具对椭圆边缘处进行处理,制作出粗糙的效果。

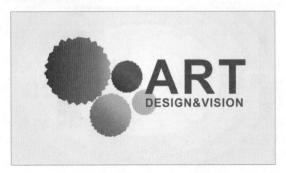

本章概述

绘制出图形后，我们需要为图形进行颜色的设置，矢量图形包括两个可设置颜色的部分：填充与轮廓。而且在CorelDRAW中可以进行很多种方式的颜色的填充设置，例如纯色、渐变色、图案等等。

核心知识点

❶ 掌握使用调色板设置填充与轮廓色的方法
❷ 掌握交互式填充工具的使用方法
❸ 掌握轮廓线的设置方法

4.1 认识填充色与轮廓线

矢量图形的颜色设置包括"填充"和"轮廓线"两个部分，如下左图所示。填充指的是路径以内的区域，填充的内容可以是纯色、渐变色或者图案，如下中图所示。轮廓线是路径或图形的边缘线，也常被称为描边，轮廓线通常具备颜色、粗细以及样式等属性，也就是说一个对象的轮廓可以是蓝色3mm宽度的实线，也可以是粉色0.5mm粗细的虚线，如下右图所示。

4.2 使用"调色板"设置填充色与轮廓色

调色板是颜色集合面板，不同的面板是不同颜色的集合体。调色板样式与颜色模式相关，当更改颜色模式时调色板样式也随着变化。常见的调色板有CMYK调色板和RGB调色板。默认状态下调色板位于操作界面的右侧，单击底部展开按钮，可展开和关闭调色板，如下左图所示。将光标移动到右侧调色板上按钮处，当光标变为时按住鼠标左键并拖动调色板到画布中，可以将调色板以窗口的形式显示出来，如下右图所示。

 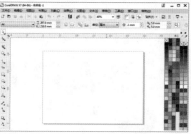 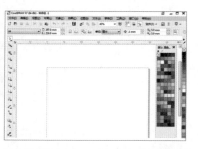

提示 执行"窗口>调色板"命令，在子菜单中可以选择多种调色板。

使用调色板可以直接对对象进行纯色均匀填充，如下左图所示。选中要填色的对象，在调色板中单击需要填充的颜色色块处，给对象填充颜色，在调色板上需要的色块处单击鼠标右键可以设置对象的轮廓颜色，如下中图所示。若想去除对象的填充色，则单击调色板上的⊠按钮，即可去除当前对象的填充颜色；若想去除对象的轮廓，则在调色板上的⊠按钮处单击鼠标右键，即可去除当前对象的轮廓线，如下右图所示。

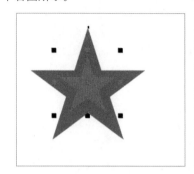

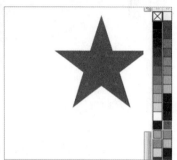

4.3　交互式填充工具

交互式填充工具 可以为矢量对象设置纯色、渐变、图案等多种样式的填充类型。单击工具箱中的交互式填充工具按钮，在属性栏中可以看到多种类型的填充方式：⊠"无填充"、■"均匀填充"、■"渐变填充"、▦"向量图样填充"、▨"位图图样填充"、▮"双色图样填充"、▨"底纹填充"（位于▮工具组中）、▨"PostScript填充"（位于▮工具组中）等。

选中矢量对象，然后单击属性栏中一种填充方式。除"无填充"和"均匀填充"外，其他的填充方式都可以进行"交互式"的调整。例如单击"向量图样填充"▦按钮，选择一种合适的图案，对象上就会显示出图案编辑控制框。使用鼠标拖曳矩形控制框正中心的图标，可以改变图案在图形中的相对位置，如下左图所示。按住左键拖动控制点，可以改变图案的比例以及角度，如下中图和下右图所示。

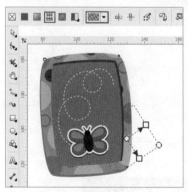
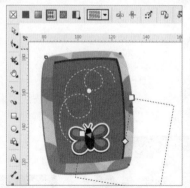
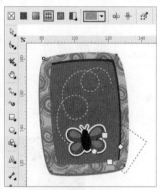

使用不同的填充方式，在属性栏中都会有不同的设置选项，但有几个选项是任何填充方式下都存在的设置，如图所示。

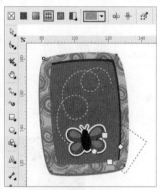

- ▦▾填充挑选器：从个人或公共库中选择填充。
- ▨复制填充：将文档中其他对象的填充应用到选定对象。
- ▨编辑填充：单击该按钮可以弹出"编辑填充"对话框，在该对话框中可以对填充的属性进行设置。

选中带有填充的对象，单击工具箱中的交互式填充工具按钮，如下左图所示。在属性栏中单击"无填充"按钮⊠，即可清除填充图案，如下右图所示。

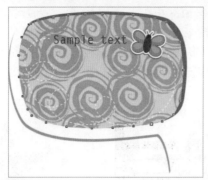
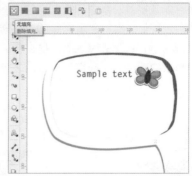

4.3.1　均匀填充

均匀填充就是在封闭图形对象内填充单一的颜色。均匀填充是最常用的一种填充方式，在交互式填充工具中可以进行设置。选择需要填充的图形，单击工具箱中的交互式填充工具按钮，在属性栏中单击"均匀填充"按钮，如下左图所示。接着单击右侧的"填充色"下三角按钮，在弹出的选项面板中设置合适的颜色，效果如下右图所示。

4.3.2　渐变填充

渐变填充是两种或两种以上颜色过渡的效果。选择需要填充的图形，如下左图所示。单击工具箱中的交互式填充工具按钮，在属性栏中单击"渐变填充"按钮，设置渐变类型为"线性渐变填充"，设置排列方式为，分别单击渐变上的节点设置合适的颜色，效果如下右图所示。

- ⬚⬚⬚⬚ **渐变类型**：在这里可以设置渐变的类型，有"线性渐变填充"⬚、"椭圆形渐变填充"⬚、"圆锥形渐变填充"⬚和"矩形渐变填充"⬚四种不同的渐变填充效果。
- ⬛▾ **节点颜色**：在使用交互式填充工具填充渐变时，对象上会出现交互式填充控制器，选中控制器上的节点，在属性栏中的此处可以更改节点颜色。
- ⬚0% ⊕ **节点透明度**：设置选中节点的不透明度。
- ⬚53% ⊕ **节点位置**：设置中间节点相对于第一个和最后一个节点的位置。
- ⟳ **翻转填充**：单击该按钮渐变填充颜色的节点将互换。
- ⬚ **排列**：设置渐变的排列方式，单击该按钮，在下拉列表中选择 ⬚默认渐变填充、⬚重复和镜像、⬚重复 选项。
- ⬚ **平滑**：在渐变填充节点间创建更加平滑的颜色过渡。
- →0 ⊕ **加速**：设置渐变填充从一个颜色调到另一个颜色的速度。
- ⬚ **自由缩放和倾斜**：单击该按钮可以填充不按比例倾斜或延展的渐变。

4.3.3 向量图样填充

向量图样填充是将大量重复的图案以拼贴的方式填入对象中。首先选择要填充的对象，单击工具箱中的交互式填充工具按钮⬚，在属性栏中单击"向量图样填充"⬚按钮，然后单击"填充挑选器"下三角按钮⬚▾，在弹出的面板中单击左侧列表中的"私人"选项，然后在右侧图样缩览图中单击一个合适的图样，然后在弹出窗口中单击"应用"⬚按钮，如下左图所示。此时对象上出现了选择的图案，如下右图所示。

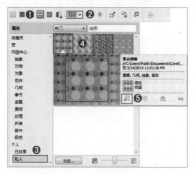
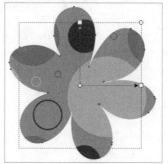

若这些内置的图样无法满足实际需要时，我们可以使用其他CDR格式文件作为填充图案。选中要填充的对象，单击属性栏中的"编辑填充"按钮⬚，在弹出的"编辑填充"对话框中单击底部的"来自文件的新源"按钮⬚，如下左图所示。接着可以在弹出的"导入"对话框中选择要使用的图样文件，单击"导入"按钮，如下中图所示。此时选中的对象就会被所选文件中的图样填充，如下右图所示。

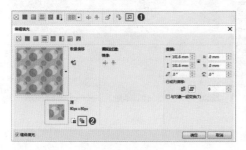

4.3.4 位图图样填充

位图图样填充可以将位图对象作为图样填充在矢量图形中。首先选择需要填充的对象，如下左图所示，单击工具箱中的交互式填充工具按钮⬚，在属性栏中单击"位图图样填充"按钮⬚，然后单击"填充挑选器"下三角按钮，单击打开的面板底部的"浏览"按钮，如下中图所示。在弹出的"打开"对话框中设置文件类型为JPG，然后选择一个合适的位图素材，单击"打开"按钮，如下右图所示。

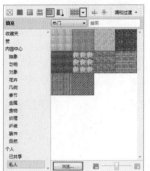

　　此时对象上出现了选择的图案，如下左图所示。通过控制柄和控制杆调整填充的边界和角度等，可以快速调整填充的效果，如下图所示。

4.3.5　双色图样填充

　　双色图样填充可以在预设列表中选择一种图样，然后通过设置颜色，改变图样效果。首先选择要填充的对象，单击工具箱中的交互式填充工具按钮，在属性栏中单击"双色图样填充"按钮，在"第一种填充色或图样"下拉菜单中选择图样，分别设置前景色和背景色后，查看填充效果。

4.3.6　底纹填充

　　底纹填充是应用预设底纹进行填充，从而创建出各种自然界中的纹理效果。首先选择要填充的对象，单击工具箱中的交互式填充工具按钮，在属性栏中单击"底纹填充"按钮（位于工具组中）。然后在属性栏中单击样品下拉按钮，选择一种底纹库，然后单击"填充挑选器"下三角按钮，选择一种填充图案，如下左图所示。填充完成后效果，如下右图所示。

单击属性栏中的“编辑填充”按钮图，在弹出的“编辑填充”对话框中对图样的参数进行设置。通过更改“底纹”、“软度”、“密度”等参数，可以使底纹的纹理发生变化，在右侧可以进行颜色的设置，如下图所示。

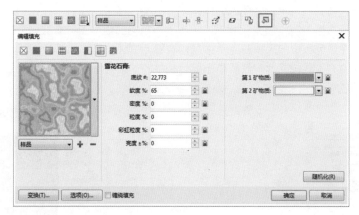

4.3.7　PostScript填充

PostScript填充是一种由PostScript语言计算出来的花纹填充，这种填充不但纹路细腻而且占用的空间也不大，适合用于较大面积的花纹设计。首先选择要填充的对象，如下左图所示。单击工具箱中的交互式填充工具按钮图，在属性栏中单击“PostScript填充”按钮图（位于█工具组中）。然后在属性栏中的“PostScript填充底纹”列表中选择一种填充类型，此时对象将被填充上所选图样，如下中图所示。如果想要对图样的大小密度等参数进行设置，可以单击属性栏中的“编辑填充”按钮图，在弹出的“编辑填充”对话框中选择图样类型，在对话框右侧可以进行参数设置，如下右图所示。

案例项目：使用渐变填充制作果汁饮料创意海报

案例文件

使用渐变填充制作果汁饮料创意海报.cdr

视频教学

使用渐变填充制作果汁饮料创意海报.flv

步骤 01 执行"文件>新建"命令，在弹出的"创建新文档"对话框中设置"大小"为A4，然后单击"纵向"按钮，设置"原色模式"为RGB，"渲染分辨率"为300，单击"确定"按钮创建新文档，如下左图所示。接着在创建的新文档中制作渐变色背景。单击工具箱中的矩形工具按钮□，在工作区中绘制一个与画布等大的矩形，在调色板中的╳按钮上单击鼠标右键，去掉轮廓，如下中图所示。选中该矩形，单击工具箱中的交互式填充工具按钮♦，然后单击属性栏中的"渐变填充"按钮，设置渐变类型为"椭圆形渐变填充"，然后将中心节点设置为白色，外部节点设置为橙色，效果如下右图所示。

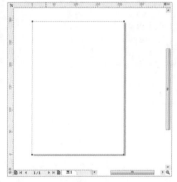

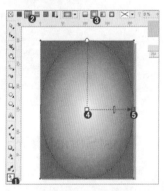

步骤 02 单击工具箱中的椭圆形工具○按钮，在空白处单击鼠标左键并拖曳，绘制出一个椭圆，如图所示。选中该椭圆，在调色板中的╳按钮处单击鼠标右键，去除轮廓。单击工具箱中的交互式填充工具按钮♦，然后单击属性栏中的"渐变填充"按钮，设置渐变类型为"椭圆形渐变填充"。然后将外部节点设置为橙色，单击"节点颜色"■▼下三角按钮，在打开的面板中选择"颜色滴管"✔工具，通过吸取背景颜色来改变节点颜色。利用选择工具选择矩形背景的同时，按住Shift键选中椭圆。执行"对象>造型>相交"命令，此时椭圆形与矩形交叉区域被复制了出来，单击选择完整的椭圆，按下键盘上的Delete键，进行删除操作。

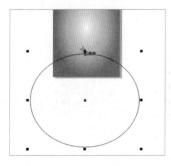

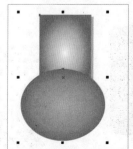

步骤03 在工具箱中选择椭圆形工具⊙，按住Ctrl键单击并拖曳，绘制出一个正圆，并去掉轮廓。单击工具箱中的交互式填充工具按钮，然后单击属性栏中的"渐变填充"按钮，设置渐变类型为"线性渐变填充"，如下左图所示。选择白色节点单击鼠标左键并拖曳到下方，然后选择黑色节点用同样方法拖曳到上方，如下中图所示。最后将上部节点设置为橙色，下部的节点颜色不变，如下右图所示。

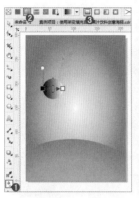  

步骤04 下面制作画面中彩条部分。单击工具箱中的矩形工具按钮，按住鼠标左键并进行拖曳，画出一个小长方形，在属性栏中单击"圆角"按钮，然后单击"同时编辑所有角"按钮，并更改转角半径大小，如下左图所示。单击工具箱中的交互式填充工具按钮，然后单击属性栏中的"渐变填充"按钮，设置渐变类型为"椭圆形渐变填充"，然后将外部节点设置为天蓝色，选中长方形，在调色板中去掉轮廓，效果如下中图所示。使用同样方法制作出其他彩条，效果如下右图所示。

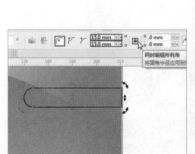  

步骤05 下面制作画面中文字部分。单击工具箱中的文本工具按钮，在属性栏中设置合适的字体、字号，输入并选中该文字，单击工具箱中的阴影工具按钮，在文字上单击并进行拖曳，如下左图所示。再次单击该文字，使其变为旋转模式，将鼠标放在文字四角可旋转的角点处，按住鼠标左键拖曳，将其旋转，效果如下中图所示。使用同样的方法键入其他文字，效果如下右图所示。

步骤 06 制作页面右上角的翻页效果。单击工具箱中的钢笔工具 ✐ 按钮，使用钢笔工具画出两个三角形，在调色板中所需的色块上单击，为其填充白色，单击鼠标右键去除轮廓，如下左图所示。选中其中一个三角形，单击工具箱中的形状工具 ✐ 按钮进行相应的调节，然后单击工具箱中的阴影工具按钮 ✐ ，为调节好的三角形制作阴影效果，如下中图所示。选中调节完成的图形，按住Shift键的同时选中另一个三角形，按下快捷键Gtrl＋G进行群组操作，然后将其调整到合适大小与位置，效果如下右图所示。

步骤 07 下面导入素材中的图片。执行"文件＞导入"命令，在弹出的"导入"对话框中选择素材1.png，如下左图所示。然后调整导入到画面中素材的大小和位置，接着多次使用快捷键Ctrl＋PageDown，使素材置于小圆形下方，最终效果如下右图所示。

4.4　编辑轮廓线

　　想要对矢量对象的轮廓线进行设置，可以选中矢量对象，在属性栏中对"轮廓宽度"和"样式"进行简单设置。如果要对更多参数进行设置，需要双击状态栏右侧的"轮廓笔"按钮，打开"轮廓笔"对话框，如下右图所示。

4.4.1　设置轮廓基本属性

　　想要设置对象轮廓的颜色，可以在调色板上合适的颜色处单击鼠标右键；如果要设置轮廓的粗细，可以在属性栏中单击 2mm ▼ 下拉按钮，选择合适的数值。 用于设置轮廓的起始箭头、线条样式、终止箭头，在列表中选择合适的样式，即可应用到所选的对象上，如下图所示。

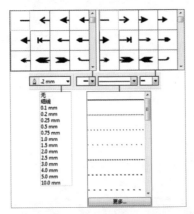

> **提示** 需要注意的是，形状对象无法在属性栏中进行起始箭头、线条样式、终止箭头的设置，需在"轮廓笔"对话框中进行相应的设置。

4.4.2　设置路径属性

　　用户还可以根据需要对路径的轮廓进行更加丰富的设置，双击状态栏右侧的轮廓笔按钮，在打开的"轮廓笔"对话框中进行相应的设置，如下图所示。

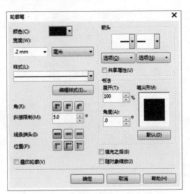

● 颜色(C)：单击"颜色"下拉按钮，选择一种颜色作为轮廓线的颜色，下图为不同颜色的对比效果。

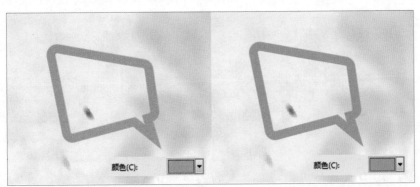

● 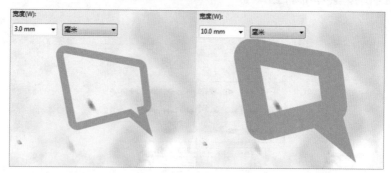：设置路径的粗细程度，下图为不同宽度的对比效果。

● ：单击"样式"下拉按钮，设置轮廓线是连续的线或是带有不同大小空隙的虚线，下图为设置不同轮廓线样式的对比效果。

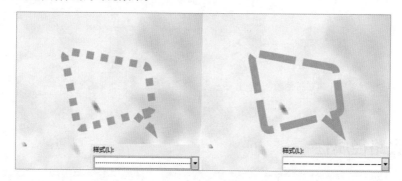

● 角(R)：设置路径转角处的形态，下图为三种类型的转角效果。

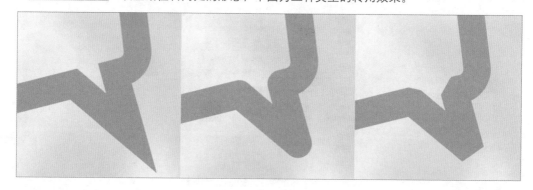

● 斜接限制(M)：用于设置以锐角相交的两条线，何时从点化（斜接）接合点向方格化（斜角修饰）接合点切换的值。

● 线条端头(I)：设置路径上起点和终点的外观，下图为三种线条端头效果。

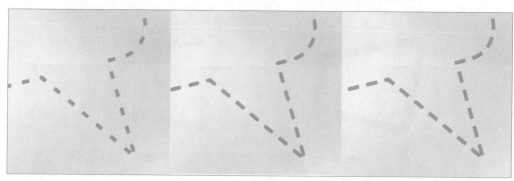

- **位置(P)**: ▉▉▉：设置描边位于路径的相对位置，分为"外侧"▉、"居中"▉和"内部"▉三种位置。下图为三种位置的对比效果。

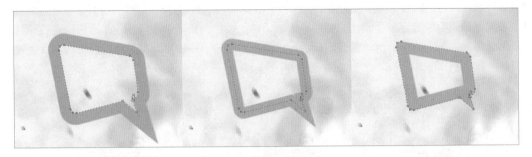

- **箭头选项区域**：在此选项区域中可以设置线条起始点与结束点的箭头样式，如下图所示。

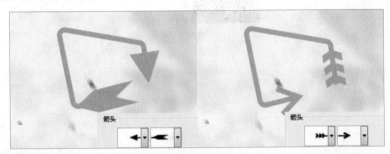

- **书法选项区域**：在"书法"选项区域中可以通过设置"展开"、"角度"的数值以及"笔尖形状"的选择，模拟曲线的书法效果，如下图所示。

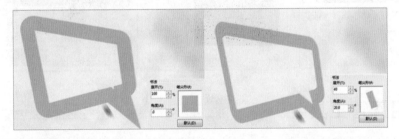

4.4.3 清除轮廓线

在"轮廓笔"对话框中，将轮廓线宽度设置为0，或者在调色板中右键单击⊠按钮，可以清除轮廓线。

4.4.4 将轮廓转换为对象

对象的轮廓线是依附于对象轮廓路径存在的，而执行"对象>将轮廓转换为对象"命令，可以将轮廓线部分转换为独立的轮廓图形，从而进行形态编辑以及各种效果的应用，如下图所示。

4.5 使用颜色泊坞窗

选择要设置颜色的对象，如下左图所示。执行"窗口>泊坞窗>彩色"命令，打开"颜色泊坞窗"泊坞窗，在颜色泊坞窗中选定一个颜色，然后单击"轮廓"按钮，如下中图所示。即可将选定的颜色设置为对象的轮廓色，如下右图所示。若选定颜色后，单击"填充"按钮，则可将选定的颜色设置为对象的填充色。

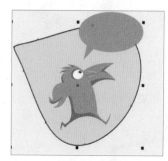  

在颜色泊坞窗的右上角提供了设置显示方式的按钮，分别是："显示颜色滑块"按钮、"显示颜色查看器"按钮和"显示调色板"按钮。

4.6 使用滴管工具

在CorelDRAW中有两种滴管工具：颜色滴管和属性滴管。滴管工具是用于"吸取"对象的颜色或属性，然后"赋予"其他对象的工具。每种滴管工具都有两种形态，当用于"吸取"对象的颜色或属性时为"滴管"，当用于"赋予"其他对象时为"颜料桶"。

4.6.1 颜色滴管工具

颜色滴管工具是用于拾取画面中指定对象的颜色，并填充到另一个对象中。单击工具箱中的颜色滴管工具按钮，此时光标变为滴管形状，在想要吸取的颜色上单击进行吸取，如下左图所示。光标变为形状时，单击即可将颜色设置为对象的填充色，如下中图所示。当光标变为形状时，即可设置颜色为对象的轮廓色，如下右图所示。

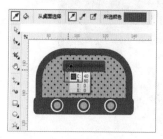 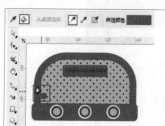 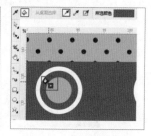

4.6.2 属性滴管工具

属性滴管工具可以吸取对象的属性（包括填充、轮廓、渐变、效果、封套、混合等），然后"赋予"其他对象上。使用方法与颜色滴管工具相同，单击工具箱中的属性滴管工具 按钮，当鼠标变为滴管形状 时，在指定对象上单击，进行属性的取样，如下左图所示。当光标变为颜料桶状 时，在指定对象上单击即可"赋予"对象相同的属性，如下中图所示。若想要选择吸取和复制的属性，可单击属性栏中的"属性"、"变换"和"效果"下三角按钮，在下拉菜单中勾选合适的复选框，并单击"确定"按钮结束操作，如下右图所示。

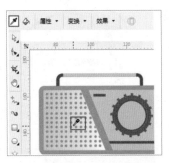 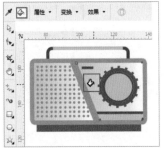 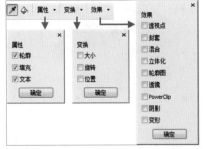

4.7　其他填充方式

除了以上几种常见的填充方式外，在CorelDRAW还提供了另外两种特殊的填充方式：智能填充工具以及网格填充工具。

4.7.1　智能填充工具

智能填充工具不仅可以为独立对象进行填充，还可以为对象与对象交叉的区域进行填充，并且填充的部分会成为独立的新对象。单击工具箱中的智能填充工具按钮 ，在属性栏中可以对填充色与轮廓线进行设置，如下图所示。

当图形中包含很多重叠交叉的部分时，单击工具箱中的智能填充工具按钮 ，在属性栏中设置"填充色"为粉色，"轮廓宽度"设置为"无"，然后将光标移动到要填充的区域，如下左图所示。单击即可进行填充操作，如下中图所示。将其移动到其他区域，会发现在填充的区域上创建了一个新的对象，如下右图所示。

提示 "智能填充工具"很多时候是用于形状的制作并不是单纯的颜色填充。

4.7.2　网状填充工具

网状填充工具是一种多点填色工具。使用该工具可以在对象上创建大量的网格，而且可以通过设置网格上点的颜色来控制对象的显示颜色，并且这些色彩相互之间还会产生晕染效果。

步骤 01　选择矢量对象，如下左图所示。单击工具箱中的网状填充工具按钮 ，在属性栏中设置网格数量为3×3，图形上将出现带有节点的3×3网状结构，如下中图所示。单击选中网格中的区域或节点，然后在调色板中单击需要的颜色，所选区域或节点即可出现所选的颜色，如下右图所示。

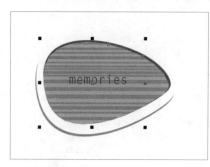
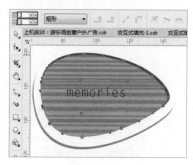

步骤 02　在网格节点上单击，如下左图所示。按住鼠标左键并拖动网格节点，此时颜色随着网格移动而产生相应的变化，如下右图所示。

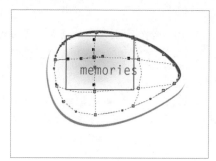
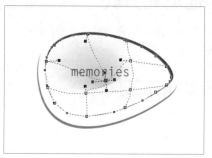

步骤 03　如果对象上的网格数目不够多，可以在网格上双击，添加节点。当添加节点时，属性栏中"网格大小"数值会随之变化，如下左图所示。想要删除多余的网格点，可以双击网格上面的节点。当减少节点时，属性栏中"网格大小"也会随之变化，如下右图所示。

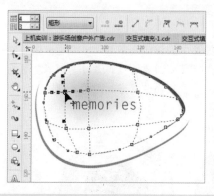

提示　如果移动对象边缘处的网格点，还可以起到更改对象外形的作用。

案例项目：使用智能填充工具制作企业网站首页

案例文件

使用智能填充制作企业网站首页.cdr

视频教学

使用智能填充制作企业网站首页.flv

步骤 01 执行"文件>新建"命令，在弹出的"建设新文档"对话框中设置"大小"为A4，然后单击"横向"按钮，设置"原色模式"为RGB，"渲染分辨率"为300，单击"确定"按钮，创建空白文档，如下左图所示。接着导入背景图片，执行"文件>导入"命令，在弹出的"导入"对话框中选择素材1.jpg，然后单击"导入"按钮，如下中图所示。导入到文档后，调整其大小和位置，效果如下右图所示。

步骤 02 下面使用图纸工具▦绘制一个矩形网格。在工具箱中单击图纸工具▦按钮，在属性栏中设置"行数和列数"均为10，然后按住鼠标左键并拖曳绘制图纸，在调色板中区按钮上单击，去除填充颜色，然后在调色板中的白色色块处单击鼠标右键，设置轮廓颜色为白色，如下左图所示。单击工具箱中的选择工具后，单击选中矩形网格，使其变为旋转模式，将鼠标放在矩形网格四角可旋转的角点处，按住鼠标左键拖曳，其旋转效果如下右图所示。

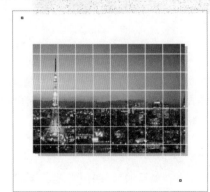

步骤 03 在工具箱中单击透明度工具▨按钮，在属性栏中选择透明度的类型，调节透明度的大小为90%，如下左图所示。设置后效果如下右图所示。

步骤 04 下面制作画面中的彩色块，在工具箱中单击智能填充工具按钮，在属性栏中选择填充颜色，然后选择矩形网格中的一个色块，单击鼠标左键为其填充颜色，如图所示。单击工具箱中的透明度工具按钮，在属性栏中选择透明度的类型，调节透明度的大小为90%，如下中图所示。使用同样方法将将其他透视色块绘制出来，效果如下右图所示。

步骤 05 下面制作画面中的文字部分，单击工具箱中的文本工具按钮，设置合适的字体、字号及颜色，然后在画面中键入文字，如下左图所示。使用同样的方法制作出其他文字，效果如下右图所示。

4.8 "对象样式"泊坞窗

　　执行"窗口>泊坞窗>对象样式"命令，打开"对象样式"泊坞窗。在"对象样式"泊坞窗中可以创建艺术笔、美术字、标注、尺度、图形、段落文字等对象样式，创建的样式将被保存在"对象样式"泊坞窗中，在编辑其他对象时，可以直接将已储存的样式应用到所选对象上。

　　执行"窗口>泊坞窗>对象样式"命令，打开"对象样式"泊坞窗。在这里可以看到三组样式："样式"、"样式集"以及"默认对象属性"。

　　如果想要创建新的样式，可以单击"样式"右侧的按钮，在展开的列表中可以选择多种创建的样式。下面以创建其中一种样式为例进行介绍，首先在展开的列表中选择"填充"选项，如下左图所示。在样式列表中可以看到新增的"填充1"样式，选中该样式，在下方的"填充"选项区域中可以进行详细的参数设置，这里选择了向量图样填充方式，如下右图所示。

样式创建完成后，选择一个矢量对象，如下左图所示。然后双击"对象样式"泊坞窗中的新样式，如下中图所示。此时所选对象应用了该样式，如下右图所示。

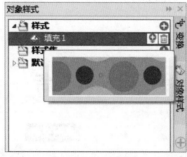

在"对象样式"泊坞窗中还可以对默认的对象属性进行设置，单击"默认对象属性"折叠按钮，在展开的列表中选择要更改的样式，如下左图所示。接着在下方参数设置区域中进行修改，如下中图所示。修改完成后，在创建的新图形上会使用新修改的样式属性，如下右图所示。

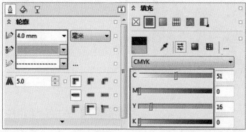
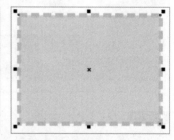

 知识延伸：复制属性

"复制属性"功能可以对复制对象的大小、旋转和定位等属性信息进行设置。选择一个对象，如下左图所示，执行"编辑>复制属性自"命令，在弹出的"复制属性"对话框中勾选需要复制的属性复选框，然后单击"确定"按钮，如下右图所示。

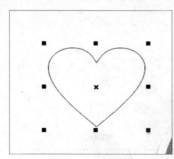
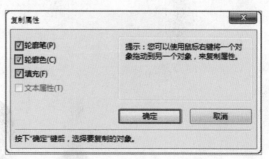

当光标变为黑色箭头时，单击第二个对象，如下左图所示。此时第一个对象上就出现第二个对象的属性，如下右图所示。

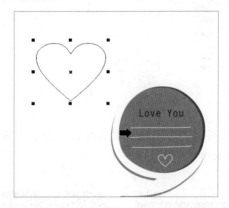 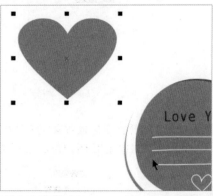

 ## 上机实训：游乐场创意户外广告

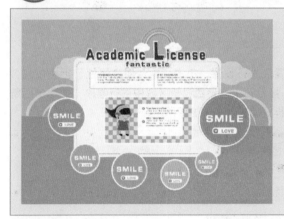

案例文件

游乐场创意户外广告.cdr

视频教学

游乐场创意户外广告.flv

步骤01 执行"文件>新建"命令，创建一个A4大小的横版文档。单击工具箱中的矩形工具按钮□，在工作区中绘制一个与画布等大的矩形，在调色板中蓝色色块处单击，将矩形填充色设为蓝色，在调色板区按钮处单击鼠标右键，去掉轮廓，如下图所示。

步骤02 单击工具箱中的钢笔工具按钮□，画出一个四边形，如下图所示。

 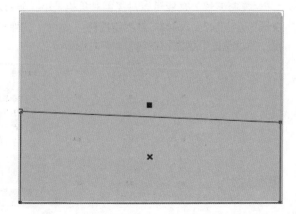

步骤03 在调色板中橙色色块处单击，将四边形填充为橙色，在调色板⊠按钮处单击鼠标右键，去掉轮廓，如下图所示。

步骤05 使用步骤04中的方法制作其他云朵形状，如下图所示。

步骤07 复制一个圆，设置其填充为蓝色，按住鼠标左键进行拖动，效果如下图所示。

步骤04 接着制作画面中云朵部分。单击工具箱中的钢笔工具按钮，在画面中画出一个云朵的形状，将其填充为淡蓝色，去掉轮廓，如下图所示。

步骤06 在工具箱中单击椭圆形工具按钮⊙，按住鼠标左键同时按住Ctrl键进行拖曳，绘制出一个正圆，设置其填充色为淡蓝色，去掉轮廓，如下图所示。

步骤08 使用同样的方法制作出其他圆形，选中绘制的正圆，然后按下"置于下一层"命令的快捷键Ctrl+PageDown，将圆形置于四边形下方，如下图所示。

步骤 09 下面制作彩虹部分。在工具箱中单击椭圆形工具按钮◯，按住鼠标左键同时按住Ctrl键进行拖曳，绘制出一个正圆，多次复制正圆，并按住Shift键进行同心等比放大，如下图所示。

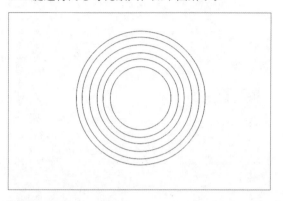

步骤 10 单击工具箱中的矩形工具按钮▢，按住鼠标左键进行拖曳，绘制一个矩形，如下图所示。

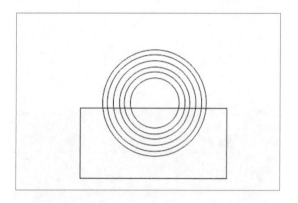

步骤 11 选择要填充颜色的对象，单击工具箱中的智能填充工具▨按钮，在属性栏中设置"填充选项"为"指定"，将"填充色"改为淡紫色。单击顶部两个圆形交叉的区域，此时这部分区域被填充为淡紫色，如下图所示。

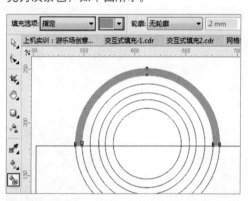

步骤 12 使用同样的方法给其他对象填充颜色，效果如下图所示。

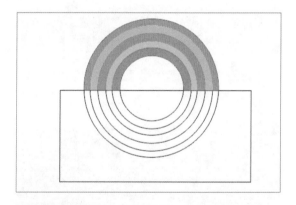

步骤 13 选中这几个彩条，并移到云朵上，作为彩虹，如下图所示。

步骤 14 单击工具箱中的矩形工具按钮▢，按住鼠标左键绘制出一个矩形，填充为白色，在属性栏中设置角类型为"圆角"▢，设置"转角半径"数值，效果如下图所示。

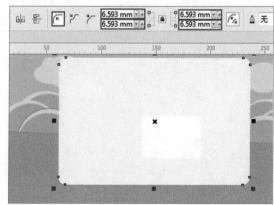

中文版CorelDRAW X7艺术设计精粹案例教程

步骤15 然后复制出一个圆角矩形，按住鼠标左键同时按住Shift键向内拖曳缩放大小。然后去掉填充色，双击操作界面右下角的"轮廓笔"按钮，在弹出的对话框中将"宽度"改为0.4mm，更改样式类型为虚线，单击"确定"按钮，如右图所示。

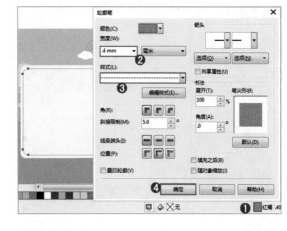

步骤16 然后对矩形的轮廓效果进行设置，如下图所示。

步骤17 用同样方法绘制其他矩形框，如下图所示。

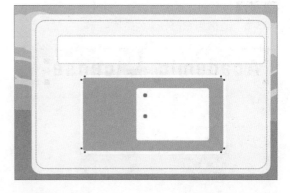

步骤18 单击工具箱中2点线工具 按钮，按住鼠标左键进行拖曳，绘制出一条竖线，将其轮廓色改为蓝色，如下图所示。

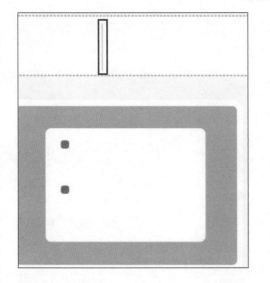

步骤19 选中画面中蓝色矩形，单击工具箱中的交互式填充工具按钮，在属性栏中单击"双色图样填充" 按钮，在"第一种填充色或图样"下拉菜单中选择所需样式，然后设置前景色为蓝色，设置背景色为淡蓝色，如下图所示。

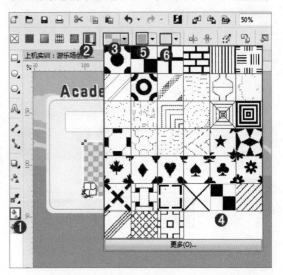

步骤 20 填充颜色设置完成后，效果如下图所示。

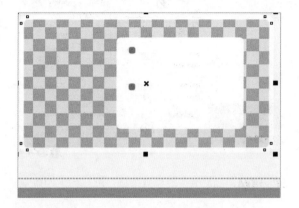

步骤 21 单击工具箱中的文本工具按钮，键入文字，在属性栏中设置合适的字体、字号，将文字设置为红色，如下图所示。

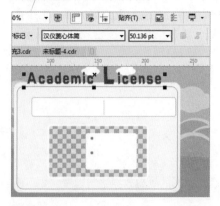

步骤 22 将文字复制两层，分别更改颜色，放在文字下方，当做阴影部分，如下图所示。

步骤 23 使用同样的方法键入其他文字，效果如下图所示。

步骤 24 选择工具箱中基本形状工具，在属性栏中单击"完美形状"按钮，在下拉菜单中选择心形，按住鼠标左键拖曳进行绘制，将填充色和轮廓改为白色，如下图所示。

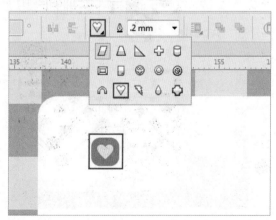

步骤 25 使用同样方法绘制另个心形，如下图所示。

步骤 26 执行"文件>导入"命令，在弹出的"导入"对话框中选择素材1.cdr，如下图所示。

步骤 27 将文件导入之后调整其大小和位置，效果如下图所示。

步骤 28 单击工具箱中的文本工具按钮，按住鼠标左键拖曳出一个文本框，键入文字，在属性栏中设置合适的字体、字号，将文字设置为蓝色，如下图所示。

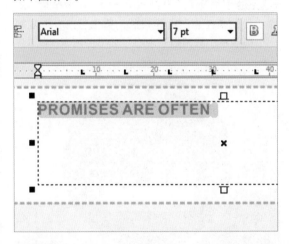

步骤 29 使用同样方法键入其他文字，将文字全选，单击属性栏中"文本对齐"按钮，在下拉菜单中选择"全部调整"选项，效果如下图所示。

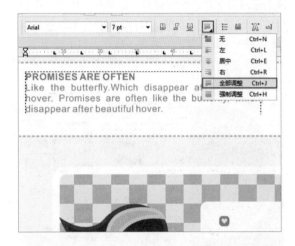

步骤 30 使用同样的方法键入画面中其他的文本，效果如下图所示。

步骤 31 在工具箱中选择椭圆形工具按钮，按住鼠标左键同时按住Ctrl键进行拖曳，绘制出一个正圆，设置填充色为橙色，将轮廓色设为白色，在属性栏中单击"轮廓宽度"下拉按钮，在下拉列表中选择1.5mm，如下图所示。

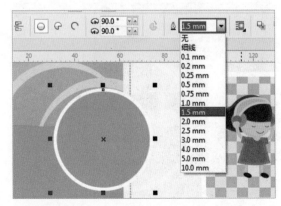

步骤 32 单击工具箱中阴影工具按钮，在属性栏中设置阴影的不透明度和阴影羽化的数值，将阴影颜色改为黑色，将合并模式改为"乘"，如下图所示。

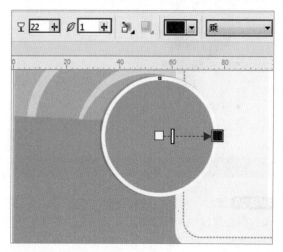

步骤 34 双击状态栏右侧的"轮廓笔"按钮，在弹出的对话框中将"宽度"改为0.2mm，更改样式类型为虚线，然后单击"确定"按钮，如下图所示。

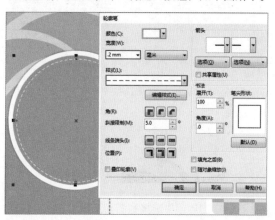

步骤 36 单击工具箱中的文本工具按钮，键入文字，在属性栏中设置合适的字体、字号，将文字颜色设为白色，如下图所示。

步骤 33 复制一个正圆，按住Shift键同时按住鼠标左键向内拖动，去掉正圆的填充色，如下图所示。

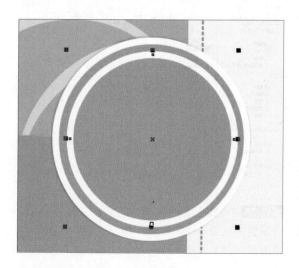

步骤 35 使用矩形工具绘制出一大一小两个圆角矩形，分别填充为白色和粉色。将之前的心形复制一个摆放在小圆角矩形中心，如下图所示。

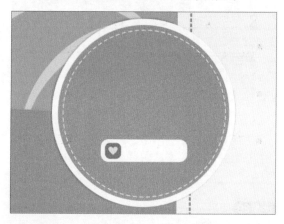

步骤 37 使用同样方法制作其他不同颜色的圆形，并摆放在合适位置上，最终效果如下图所示。

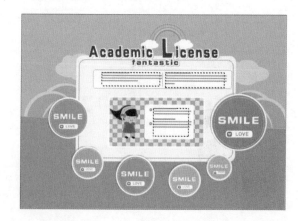

课后练习

1. 选择题

(1) _____可以为矢量对象设置纯色、渐变、图案等多种样式的填充类型。

    A. 交互式填充工具   B. 调色板

    C. 颜色滴管   D. 网格填充工具

(2) _____可以吸取对象的属性（包括填充、轮廓、渐变、效果、封套、混合等），然后应用到其他对象上。

    A. 颜色滴管   B. 属性滴管

    C. 智能填充工具   D. 交互式填充工具

(3) 在轮廓笔对话框中不可以进行_____的设置。

    A. 轮廓颜色   B. 轮廓宽度

    C. 轮廓样式   D. 填充颜色

2. 填空题

(1) _____工具不仅可以为独立对象进行填充，还可以为对象与对象交叉的区域进行填充，并且填充的部分会成为独立的新对象。

(2) 选中要填色的对象，在调色板中所需颜色色块处单击鼠标_____键，设置对象的填充颜色。

(3) 选择一个对象，执行编辑菜单下的_____命令，在弹出的"复制属性"对话框中勾选需要复制的属性，然后单击"确定"按钮，可以复制对象的大小、旋转和定位等属性信息。

3. 上机题

本案例利用矩形工具绘制背景，并利用调色板为其设置填充颜色。接着使用椭圆工具绘制圆形，在调色板中设置轮廓色为白色，接着设置轮廓粗细，并利用交互式填充工具设置圆形的渐变填充。

本章概述

文字是设计作品中重要的一个部分。CorelDRAW中有着强大的文字处理能力,不仅可以创建多种不同形式的文字,还可以通过参数的设置,制作出丰富多彩的效果。

核心知识点

❶ 熟练掌握文本工具的使用方法
❷ 熟练掌握创建美术字、段落文字以及路径文字的方法
❸ 掌握文字属性的编辑方法

5.1 创建文字

创建文字是文本处理最基本的内容,CorelDRAW文本分为"美术字"和"段落文本"两种,当需要键入少量文字时可以使用美术字,当对大段文字排版时需要使用"段落文本"。除此之外,还可以创建"路径文本"和"区域文字"。

5.1.1 认识文本工具

单击工具箱中的文本工具按钮手,即可看到文本工具属性栏。在属性栏中有对文字设置的一些基本选项可以对文字的字体、字号、样式、对齐方式等进行设置,如下图所示。

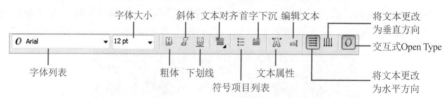

- **字体列表**:在"字体列表"下拉菜单中选择一种字体,即可为新文本或所选文本设置所选的字体样式。
- **字体大小**:在下拉菜单中选择一种字号选项或在数值框中输入数值,为新文本或所选文本设置指定的字体大小。
- **粗体/斜体/下划线**:单击"粗体"按钮,可以将文本字体加粗;单击"斜体"按钮,可以将文本字体设为斜体;单击"下划线"按钮,可以为文字添加下划线。
- **文本对齐**:单击"文本对齐"按钮,可以在下拉列表中选择"无"、"左"、"居中"、"右"、"全部调整"以及"强制调整"对齐方式,使文本做相应的对齐设置。
- **符号项目列表**:添加或移除项目符号列表格式。
- **首字下沉**:设置段落文字的第一个字母或文字尺寸变大并且位置下移至段落中。单击该按钮即可为段落文字添加或去除首字下沉效果。
- **文本属性**:单击即可打开"文本属性"泊坞窗,在其中可以对文字的各个属性进行调整。
- **编辑文本**:选择需要设置的文字,单击文本工具属性栏中的"编辑文字"按钮,在打开的"编辑文本"对话框中修改文本的字体格式。
- **文本方向**:选择文字对象,单击文字属性栏中的"将文本改为水平方向"按钮或"将文本改为垂直反方向"按钮,可以将文字转换为水平或垂直方向。
- **交互式OpenType**:当某种OpenType功能可用于选定文本时,在屏幕上显示指示。

5.1.2 创建美术字

美术字适用于编辑少量文本，也称为美术文本。单击工具箱中的文本工具按钮，在文档中单击鼠标左键，确定文字的起点，如下左图所示。接着输入文本，如下中图所示。若要换行，按一下键盘上的Enter键进行换行，如下右图所示。

5.1.3 创建段落文本

对于大量文字的编排，可以选择创建段落文本的方式。段落文本的创建首先需要单击工具箱中的文本工具按钮，然后在页面中按住鼠标左键并从左上角向右下角进行拖曳，创建出文本框，如下左图所示。这个文本框的作用是在输入文字后，段落文本会根据文本框的大小、长宽自动换行，当调整文本框的长宽时，文字的版式也会发生变化。文本框创建完成后，在文本框中键入文字即可，这段文字被称之为"段落文本"，效果如下右图所示。

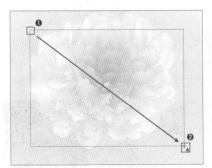

5.1.4 创建路径文本

"路径文本"是依附于路径的一种文字形式，这种文字可以沿着路径进行排列。当改变路径的形态后文本的排列方式也会发生变化。首先绘制好路径，然后单击文本工具按钮，将光标移动到路径上方，光标变为状时，单击鼠标左键即可插入光标，如下左图所示。然后键入一段文字，可以看到文字沿路径排列，如下中图所示。还有另外一种创建路径文本的方式，首先绘制一段路径，然后键入一段文字，接着使用选择工具将路径和文字加选，如下右图所示。然后执行"文本>使文本适合路径"命令，创建路径文本。

当处于路径文字的输入状态时，在文本工具的属性栏中可以进行文本方向、距离、偏移等参数的设置，如下图所示。

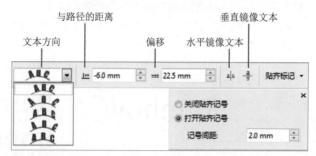

- **文本方向**：用于指定文字的总体朝向，包含五种效果。
- **与路径的距离**：用于设置文本与路径的距离。
- **偏移**：设置文字在路径上的位置，当数值为正值时，文字越靠近路径的起始点；当数值为负值时，文字越靠近路径的终点。
- **水平镜像文本**：从左向右翻转文本字符。
- **垂直镜像文本**：从上向下翻转文本字符。
- **贴齐标记**：指定贴齐文本到路径的间距增量。

5.1.5 创建区域文字

区域文字是在封闭的图形内创建的文本，区域文本的外轮廓呈现出封闭图形的形态。首先绘制一个封闭的图形，然后选择这个封闭的图形，如下左图所示。然后选择文本工具按钮，将光标移动至闭合路径内单击，然后键入文字，随着文字的键入可以发现文字置于封闭路径内，如下右图所示。

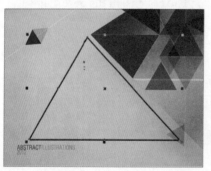 

5.2 编辑文本的基本属性

使用文本工具创建文本时，在属性栏中可以看到关于文字基本属性的设置，如文字的字体、字号、行距和文本框等。除此之外，还可以通过"文本属性"泊坞窗进行更多参数的设置，如下图所示。

5.2.1 选择文本对象

在CorelDRAW中选择文本对象的方法与选择图形对象的方法相同。单击工具箱中的选择工具按钮，在文本上单击即可选中文本对象，如下左图所示。若要选择个别文字，可以使用形状工具在文字上单击，然后在每个字符左下方会出现一个空心的点，单击空心点将会变成黑色，表示该字符被选中。按住Shift键可以同时选择多个字符，选中后即可进行编辑，如下右图所示。

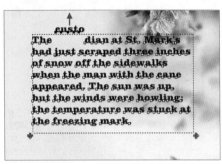

如果想要选择连续的部分文字，可以使用文本工具，在选需要选中的位置的前方或者后方插入光标，然后按住鼠标左键向文字的方向拖曳选中文字，如下左图所示。鼠标经过位置的文字就会被选中，被选中的文字会突出显示，如下右图所示。

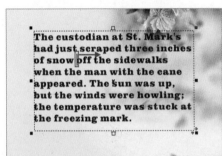 

> **提示** 创建路径文本时，当前的路径与文字可以一起移动，如果想要将文字与路径分开编辑，可以执行"对象>拆分在一路径上的文本"命令，或按下快捷键Ctrl+K。分离后可以选中路径并按下Delete键，删除路径。

5.2.2 设置文本字体样式

键入完文字后若要更改字体，首先需要选中文字，单击属性栏中的"文字列表"下三角按钮，在下拉菜单中选择一种字体选项，如下左图所示。即可为所选文本设置所选的字体样式，如下右图所示。

> **提示** 执行"排列>拆分路径内的段落文本"命令，或按Ctrl+K快捷键，可以将路径内的文本和路径进行分离。

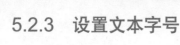

5.2.3 设置文本字号

选择需要设置字号大小的文字，在属性栏中单击"文字大小"下三角按钮，在下拉列表中选择一个字号选项，如下左图所示。也可以在属性栏中"文字大小"文本框中输入数值，直接为所选文本设置指定的字体大小，效果如下右图所示。

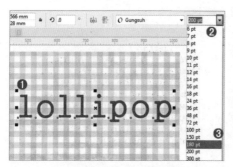

5.2.4 更改文本颜色

我们可以在调色板中对文本颜色进行设置，选择需要设置的文本，单击"默认调色板"中的所需的色块，如下左图所示。即可更改文字的颜色，效果如下右图所示。

5.2.5 调整单个字符角度

使用形状工具在文字上单击，在文字的左下角会显示出空心点，如果要选择某个字符，可以单击其左下角的空心点，当其变为实心点后就表示该字符被选中，如下左图所示。然后执行"文本>文本属性"命令，在弹出的"文本属性"面板中单击"字符"按钮，切换到项面板，在X、Y和ab数值框内键入相应的数值，即可对字符进行精确的移动和旋转，如下中图所示。设置后的文字效果如下右图所示。

- 水平偏移 ：指定水平字符之间的水平间距。
- 字符角度 ：指定文本字符的旋转角度。
- 字符垂直偏移 ：指定文本字符之间的垂直间距。

5.2.6 矫正文本角度

被更改了角度的文本，如果需要将文字恢复为原始状态，可以选择需要矫正的字符，如下左图所示。接着执行"文本>矫正文本"命令即可，效果如下右图所示。

5.2.7 转换文字方向

如果要更改文字的方向，可以通过单击"将文本改为水平方向"按钮▤或"将文本改为垂直方向"按钮▥进行更改。如果是水平方向的文字，单击"将文本改为垂直反方向"按钮▥，如下左图所示，即可将其转化为垂直方向文字，如下右图所示。

5.2.8 设置字符效果

执行"文本>文本属性"命令或按Ctrl+T快捷键，在弹出的"文本属性"面板中有大量的关于字符效果设置的按钮。单击某种按钮，可以在下拉菜单中选择合适选项，进行字符效果的设置，下图分别为几组字符的设置效果。

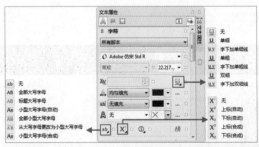

5.2.9 设置首字下沉

　　"首字下沉"效果主要作用于大段文字，选择段落文本，如下左图所示。执行"文本>首字下沉"命令，打开"首字下沉"对话框，首先需要勾选"使用首字下沉"复选框，在"外观"选项区域中可以对"下沉行数"和"首字下沉后的空格"数值进行设置，如下中图所示。设置完成后单击"确定"按钮，查看首字下沉效果，如下右图所示。

- **使用首字下沉**：勾选该复选框，确定首字下沉操作，若不勾选该复选框，则无法进行参数设置。
- **下沉行数**：设置首字的大小。
- **首字下沉后的空格**：设置首字与右侧文字的距离。
- **首字下沉使用悬挂式缩进**：用来设置首字在整段文字中的悬挂效果。

5.2.10 文本换行

　　"文本换行" 🖼 用于设置图像和文字之间的关系，主要用于创建环绕在图形周围的文字。首先键入一段段落文本，然后将图形移动到文本中。选中图形，单击属性栏上的"文本换行"按钮🖼，在弹出的下拉列表中选择文本换行的方式，如下左图所示。各种换行样式对应的效果如下右图所示。

案例项目：更改文字属性制作活动广告宣传

案例文件
更改文字属性制作活动广告.cdr

视频教学
更改文字属性制作活动广告.flv

步骤 01 执行 "文件>新建" 命令，在弹出的 "创建新文档" 对话框中设置 "大小" 为A4，然后单击 "横向" 按钮，设置 "原色模式" 为RGB，"渲染分辨率" 为300，单击 "确定" 按钮完成文档的创建操作，如下左图所示。执行 "文件>导入" 命令，在弹出的 "导入" 对话框中选择素材1.jpg，然后调整其大小和位置，效果如下右图所示。

步骤 02 接下来制作画面中的文字部分。单击工具箱中的文本工具按钮，在图中单击鼠标左键，建立文字输入的起始点，如下左图所示。然后在属性栏中设置合适的字体、大小，并输入相应文字，如下右图所示。

步骤 03 文字输入完成后，选中文字对象，在属性栏中设置旋转角度，此时文字发生了旋转，效果如下左图所示。继续使用文本工具，在画面中央位置单击，在属性栏中选择一个较粗的字体样式选项，设置较大的字体大小，键入主体文字，如下右图所示。

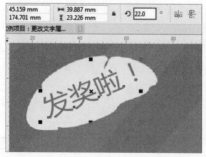 

步骤 04 接着使用文本工具在第二个字后单击，使文字对象处于编辑状态，按住鼠标左键向前拖曳，使第二个字被选中，并在属性栏中更改文字大小，如右图所示。

步骤 05 下面需要在主体文字下方输入两行的文字，首先在第一行文字输入完毕后按下Enter键换行，接着输入第二行字，输入完毕后选中文字对象，在属性栏中单击"文本对齐"按钮，选择"居中"选项，如下左图所示。此时底部文字呈现出居中对齐的效果，最终效果如下右图所示。

5.3 编辑文本的段落格式

执行"文本>文本属性"命令，打开"文本属性"泊坞窗。单击"段落"按钮，在打开的"段落"选项面板中可以对大段的文字进行相应的参数调整，在该面板中，还可以设置文本的对齐方式、段落缩进、行间距、字间距等，下图为"段落"选项面板。

5.3.1 设置文本的对齐方式

"文本对齐方式"常用于大段文字的对齐设置。选中段落文本，单击属性栏中的"文本对齐"按钮，在下拉列表中选择一种对齐方式，即可对文本做相应的对齐设置，如下左图所示。如下中图所示为各种对齐方式的显示效果。也可以执行"窗口>泊坞窗>文本>文本属性"命令，打开"文本属性"泊坞窗，单击"段落"下拉按钮，显示段落属性，单击相应的按钮即可进行段落属性设置。

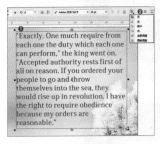  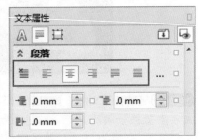

5.3.2 设置段落缩进

"缩进"是文本内容对象与其边界之间的间距。选中要缩进的段落，如下左图所示，执行"文本>文本属性"命令，打开"文本属性"泊坞窗。单击"段落"按钮，在打开的"段落"选项面板中，通过设置"左行缩进"、"首行缩进"和"右侧缩进"值，来设置段落的缩进显示效果，如下右图所示。

- **左行缩进**：设置段落文本相对于文本框左侧的缩进距离，效果如下左图所示。
- **首行缩进**：设置段落文本的首行相对文本框左侧的缩进距离，效果如下中图所示。
- **右侧缩进**：设置段落文本相对文本框右侧的缩进距离，效果如下右图所示。

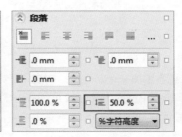

左行缩进　　　　　　　　首行缩进　　　　　　　　右行缩进

5.3.3　行间距设置

"行间距"选项是用来设置段落文本中每行文字之间的距离。选择一段段落文本，如下左图所示。执行"文本>文本属性"命令，在"文本属性"泊坞窗中单击"段落"折叠按钮，打开"段落"参数选项面板，在"行间距" 数值框中输入相应的数值，进行行间距的设置，如下中图所示。将行间距设为50%的效果，如下右图所示。

5.3.4　文字间距设置

"字间距"是字与字之间横向的距离。选中一段文字，如下左图所示。执行"文本>文本属性"命令，在"文本属性"泊坞窗中单击"段落"按钮，展开"段落"参数面板，在这里包含三种字间距的设置："字符间距"、"字间距"和"语言间距"，如下右图所示。

- **字符间距** 〓：用来调整字符的间距，下左图为"字符间距"为40%的显示效果。
- **字间距** 〓：指定单词之间的间距，对于中文文本不起作用。下右图为"字间距"为400%的效果。
- **语言间距** 〓：控制文档中多语言文本的间距。

5.3.5　添加制表位

"制表位"功能主要用于对齐段落内文字的间隔距离。下面以制作文档目录为例学习如何添加与使用制表位。

步骤 01 单击工具箱中的文本工具按钮 〓，在画面中绘制文本框并键入文字，如下左图所示。选中文字，执行"文本>制表位"命令，打开"制表位设置"对话框，因为在该对话框中有预设的制表位，所以单击"全部移除"按钮，将这些制表位删除，如下右图所示。

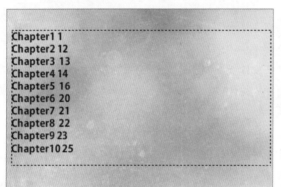

步骤 02 接着单击"添加"按钮，系统会添加一个制表位。制表位下方的数值框是用来设置"制表位"的位置；"对齐"下方的下拉按钮是用来设置该制表位处的文字对齐方式；"前导符"用来设置制表符前面的符号。在"制表符"数值框中输入10mm，单击"对齐"下三角按钮，在下拉列表中选择"左"选项，然后设置"前导符"为"关"，如下左图所示。接着设置制表符结束的位置，再次单击"添加"按钮，新建一个制表位，然后设置"制表位"的位置为100mm，设置"对齐"为"右"，将"前导符"选项设置为"开"，然后单击"前导符选项"按钮，如下右图所示。

步骤 03 将弹出"前导符设置"对话框,在该对话框中首先单击"字符"下三角按钮,在下拉列表中选择一个合适的符号,接着在"间距"数值框中设置每个符号之间的间距。然后单击"确定"按钮,完成设置,如下左图所示。此时制表符添加完成,单击"制表位设置"对话框中的"确定"按钮。接着在第一段文字最前方置入光标,然后按下键盘上的Tab键,此时可以看到文字向右移动了,如下右图所示。

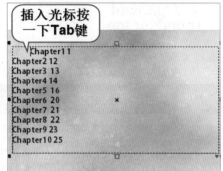

步骤 04 接着在页数文字前置入光标,然后按下Tab键,此时可以看到文字向右移动并在其间插入了"前导符",如下左图所示。使用同样的方法制作其他部分,目录制作完成。

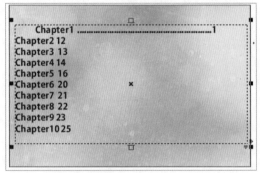
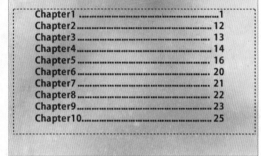

5.3.6 设置项目符号

"项目符号"位于每段文字的前方。选择需要添加项目符号的段落文本,执行"文本>项目符号"命令,如下左图所示,在弹出的"项目符号"对话框中勾选"使用项目符号"复选框,然后单击"符号"右侧的下三角按钮,在下拉菜单中选择合适的项目符号,接着对其他选项进行设置,如下中图所示。设置完成后单击"确定"按钮结束操作,完成自定义项目符号样式的添加,如下右图所示。

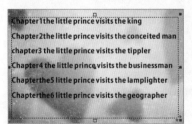

5.3.7 使用文本断字功能

"断字"功能是应用在英文文本中的一种功能,它可以将不能排入一行的某个单词自动进行拆分并添加连字符。选择段落文本对象,如下左图所示。执行"文本>断字设置"命令,在弹出的"断字"对话框中勾选"自动连接段落文本"复选框,并对"断字标准"的参数进行设置,如下中图所示。单击"确定"按钮,可以看到单词在文本框中的变化,如下右图所示。

案例项目：使用文本工具制作书籍内页版式效果

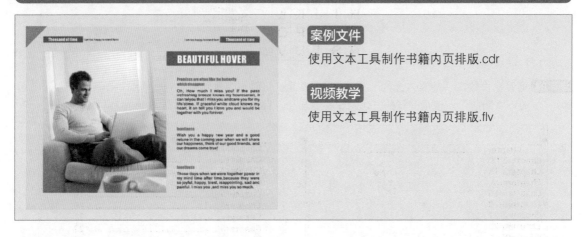

案例文件

使用文本工具制作书籍内页排版.cdr

视频教学

使用文本工具制作书籍内页排版.flv

步骤 01 执行"文件>新建"命令，新建一个A4大小、横向的RGB原色模式文档。使用矩形工具在工作区中绘制一个与画布等大的矩形。选中该矩形，去掉轮廓，设置填充颜色为淡棕色，如下左图所示。执行"文件>导入"命令，在弹出的"导入"对话框中选择素材1.jpg，然后单击"导入"按钮，将其导入到文档中，调整其大小和位置，效果如下右图所示。

步骤 02 下面绘制页面顶部的三角形页面装饰效果。单击工具箱中的钢笔工具按钮 ，在画面中画出一个三角形，在调色板中合适的颜色上单击鼠标左键，为三角形填充颜色，并去掉描边，如下左图所示。复制该三角形，移到画面右上角，单击属性栏中的"水平镜像"按钮，效果如下右图所示。

步骤 03 下面制作页眉部分，单击工具箱中的矩形工具按钮回，画出一个小长方形。在调色板中灰色色块处单击，为色块填充颜色，去掉描边，如下左图所示。单击工具箱中的文本工具按钮，制作出文字部分，按照同样方法制作另一个页眉。

步骤 04 单击工具箱中的矩形工具按钮，绘制一个长方形作为标题文字的底色。单击工具箱中的文本工具按钮，在小长方形上单击，呈现出文字输入状态，如下左图所示。输入文字并在属性栏中设置合适的字体、字号，选择该文字，在调色板上白色色块处单击，设置文字填充为白色。右键单击调色板上区按钮，去掉轮廓，如下右图所示。

步骤 05 继续使用文本工具制作引导语。在属性栏中设置为合适的字体、字号，选择该文字，在调色板上土黄色色块处单击，为文字填充土黄色，右键单击调色板上区按钮去掉轮廓，如下左图所示。接下来制作正文部分，单击工具箱中的文本工具按钮，在画面中按住鼠标左键拖动，绘制出一个文本框后松开鼠标，如下右图所示。

 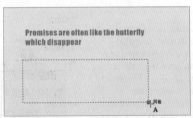

步骤 06 在文本框中输入文字，接着将文字全部选中，在属性栏中选择"文本对齐"方式为"全部调整"，效果如下左图所示。选中制作好的引导语以及正文部分，使用快捷键Ctrl+C复制内容，然后使用快捷键Ctrl+V将其粘贴，并按住Shift键使其垂直向下移动，如下右图所示。

 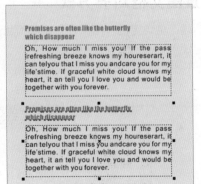

步骤 07 接着在保持复制后的文字位置不变的情况下，更改文本内容，如图下左所示。使用同样的方法制作出第三组文字部分，最终效果如下右图所示。

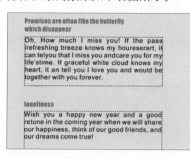

5.4　编辑图文框

执行"文本>文本属性"命令，在"文本属性"泊坞窗中单击"图文框"按钮，在打开的"图文框"选项面板中，可以对图文框的对齐方式、分栏效果、文本框填充颜色等进行设置，如下图所示。

5.4.1　设置图文框填充颜色

在"文本属性"泊坞窗的"图文框"选项面板中，可以为文本框填充所选的颜色。选中文本框，如下左图所示。然后单击"背景颜色"下三角按钮，在下拉面板中选择一种颜色，如下中图所示。此时可以看到填充的效果如下右图所示。

5.4.2　设置图文框对齐方式

在"文本属性"泊坞窗的"图文框"选项面板中，可以设置文本与文本框的对齐方式。选中文本框，单击"垂直对齐"按钮，在下拉菜单中有："顶端垂直对齐"、"居中垂直对齐"、"底部垂直对齐"和"上下垂直对齐"选项，如下左图所示。各种对齐方式的效果如下右图所示。

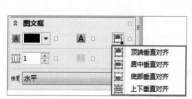
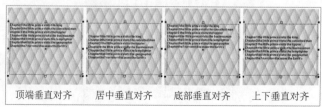

| 顶端垂直对齐 | 居中垂直对齐 | 底部垂直对齐 | 上下垂直对齐 |

5.4.3 设置文本分栏

在对大量文字进行编排操作时，我们可以为文字进行分栏操作，以减少阅读的压力感。在CorelDRAW中，分栏是一个很简单的操作，接下来讲解如何设置分栏。

步骤 01 选择段落文字，如下左图所示。执行"文本>栏"命令，在弹出的"栏设置"对话框中，首先在"栏数"数值框中设置分栏的数量，接着为了保证每一个栏的大小相等，勾选"栏宽相等"复选框，然后单击"确定"按钮，效果如下右图所示。

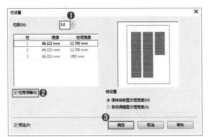

步骤 02 如果要使每个栏的宽度都不同，首先取消勾选"栏宽相等"复选框，然后在"宽度"数值框中设置分栏的宽度，在"栏间宽度"数值框中设置分栏与分栏之间的宽度。设置完成后单击"确定"按钮，分栏效果如下右图所示。

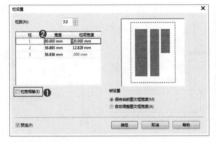

5.4.4 链接段落文本框

当文本框变为红色的虚线时，就代表了在文本框内有隐藏的字符，通常称之为"文本溢出"。当出现"文本溢出"的现象时，可以通过链接段落文本，将溢出的文字在另一个文本框中显示出来。

在下面左图的文本框中，可以看到文本框的颜色显示为红色的虚线，说明有溢出的文字。使用文本工具 单击文本框底端显示文字流失箭头 ，接着将光标移动到一个空的文本框中，当光标变为 时，单击鼠标左键，如下中图所示。此时溢出的文本出现在新的文本框中，效果如下右图所示。

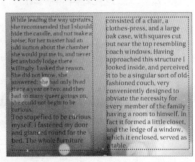

提示 如果要在同一页面中链接段落文本框，也可以同时选择两个不同的文本框，执行"文本>段落文本框>链接"命令，将两个文本框内的文本进行链接，溢出的文本将会显示在空文本框中。
要链接两个不同页面的段落文本，也可以进行"链接"操作。例如在"页面1"中单击段落文本框顶端的控制柄 ，切换至"页面2"，当光标变为箭头形状时 ，单击文本框即可。

5.5 使用文本样式

使用CorelDRAW进行包含大量文字的版面进行排版时，可以将常用的文字格式创建为"文本样式"，用户可以借助"文本样式"功能，快速为文档中文字应用合适样式。

5.5.1 创建文本样式

选中编辑完的文字，单击鼠标右键，执行"对象样式>从以下项新建样式>字符"命令，如下左图所示。将弹出的"从以下项新建样式"对话框，然后在"新样式名称"文本框中输入样式名称，单击"确定"按钮，如下中图所示。这时新建的文本样式就会显示在"对象样式"泊坞窗中，如下右图所示。

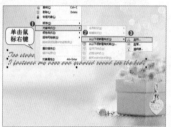 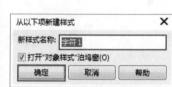 

也可以执行"窗口>泊坞窗>对象样式"命令，在弹出的"对象样式"泊坞窗中单击"新建样式"按钮，在打开的下拉菜单中选择新建"字符"或是"段落"选项，如下左图所示。创建完字符样式或是段落样式后，可以在打开的对应的面板中对样式进行设置，如下中和下右图所示。

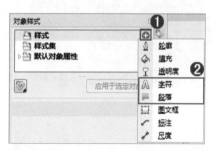  

提示 在"对象样式"泊坞窗中选择所需编辑的字符样式或段落样式，然后在泊坞窗相应的选项区域对参数进行相应的调整。单击泊坞窗右侧的"删除样式集"按钮，可以将多余的样式删除。

5.5.2 应用文本样式

选中文本对象，执行"窗口>泊坞窗>对象样式"命令，在弹出的"对象样式"泊坞窗中选中需要应用的样式。单击"应用于选定对象"按钮，如下左图所示。此时可以看到之前储存的样式被应用到所选文字上，如下右图所示。

5.6 编辑文本内容

在CorelDRAW中可以对文本进行拼写检查、语法检查、查找同义词和统计文本信息等操作。

5.6.1 更改字母大小写

选中需要更改字母大小写的文本，执行"文本>更改大小写"命令，打开"更改大小写"对话框，在该对话框中有"句首字体大写"、"小写"、"大写"、"首字母大写"和"大小写转换"五个选项，如下左图所示。如下右图为不同选项的效果。

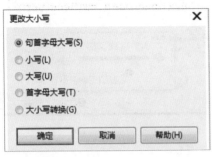

5.6.2 查找文本

选中文本对象，执行"编辑>查找并替换>查找文本"命令，在弹出的"查找文本"对话框中，输入要查找的文本，"区分大小写"复选框可以进行是否区分大小写的设置，"仅查找整个单词"复选框可以进行是否仅查找整个单词的设置。单击"查找下一个"按钮进行查找，被查找的单词呈现灰色选中状态，如下右图所示。

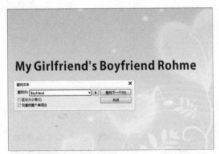

5.6.3 替换文本

选中文本对象，执行"编辑>查找并替换>替换文本"命令，弹出"替换文本"对话框。在"查找"文本框中输入需要查找的文本，在"替换为"文本框中输入需要替换的文本，然后单击"全部替换"按钮，在弹出的"替换完成"对话框中，单击"确定"按钮，然后单击"替换文本"对话框中的"关闭"按钮，确定替换文本操作，此时可以看到文本被替换了，如下右图所示。

5.6.4 拼写检查

"拼写检查器"主要应用于英文单词，它可以检查整个文档或特定文本的拼写和语法错误。选中需要检查的文本，执行"文本>书写工具>拼写检查"命令，在弹出"书写工具"对话框中软件会自动检测到错误的单词，在"替换为"选项中显示出来，在"替换"选项中选择合适的单词，然后单击"替换"按钮，如下左图所示。接着单击"拼写检测器"中的"是"按钮，若没有其它的错误，可单击"关闭"按钮关闭"书写工具"对话框。此时可以看到单词被替换了，如下右图所示。

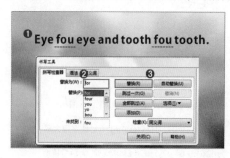 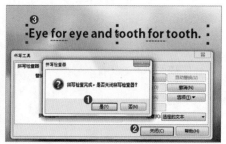

5.6.5 语法检查

选择需要检查的文字，执行"文本>书写工具>语法"命令，在弹出的"书写工具"对话框中自动进行语法检查，如下左图所示。在"替换"列表框中选择需要替换的部分，单击"替换"按钮，执行替换操作，当所有错误语法替换完毕，单击"关闭"按钮结束操作，如下右图所示。

5.6.6 同义词

"同义词"命令主要用于查寻同义词、反义词及相关词汇。使用该命令会自动将单词替换为建议的单词，也可以用同义词来插入单词。选择文本，然后执行"文本>书写工具>同义词"命令，打开"同义词"对话框，查找单词时，同义词提供简明定义和所选查找选项的列表，如右图所示。

5.6.7 快速更正

"快速更正"命令可以用来自动更正拼错的单词和大写错误。选择需要更正的文字，执行"文本>书写工具>快速更正"命令，在弹出的"选项"对话框中进行相应的设置，在"被替换文本"属性栏中分别输入替换与被替换的字符，单击"确定"按钮结束替换操作，如右图所示。

5.6.8　插入特殊字符

　　使用"插入字符"命令可以插入各个类型的特殊字符，有些字符可以作为文字调整，有的可以作为图形对象来调整。在文本中插入光标，如下左图所示。执行"文本>插入字符"命令，或按Ctrl+F11快捷键，打开"插入字符"泊坞窗。在"插入字符"泊坞窗中双击需要插入的字符，这时在插入光标的位置就会插入字符，如下右图所示。

5.6.9　将文本转换为曲线

　　文本对象是一种特殊的矢量对象，虽然可以更改字体、字号等属性，但是无法直接对形态进行调整，需要将文本转换为曲线后才可以进行各种变形操作。首先选择文字，如下左图所示。然后执行"对象>转换为曲线"命令，或按Ctrl+Q快捷键，或单击鼠标右键，执行"转换为曲线"命令，即可将文字转换成曲线，这时文字，会出现节点。单击工具箱中的形状工具按钮 ，通过对节点的调整可以改变文字的形态，如下右图所示。

 知识延伸：快速导入外部文本

　　执行"文件>导入"命令不仅可以导入位图图片，还可导入一些外部的文本。这种方法在对大量文字进行编排时非常有用。

步骤 01 执行"文件>导入"命令或者使用快捷键Ctrl+I，在弹出的"导入"对话框中选择需要使用的文档文件，单击对话框中的"导入"按钮，如下左图所示。接着在弹出的"导入/粘贴文本"对话框中设置文本的格式，单击"确定"按钮进行导入，如下右图所示。

步骤02 回到画面中，可以看到此时光标的形态发生了变化，如下左图所示。接着在画面中单击，即可将文本置入到画面中，如下中图所示。然后对文字进行编辑与调整，效果如下右图所示。

上机实训：设计户外运动网站首页

案例文件

户外运动网站首页.cdr

视频教学

户外运动网站首页.flv

步骤01 执行"文件>新建"命令，在弹出的"创建新文档"对话框中设置"大小"为A4，然后单击"横向"按钮，设置"原色模式"为RGB，"渲染分辨率"为300，单击"确定"按钮创建空白文档，如下图所示。

步骤02 执行"文件>导入"命令，在弹出的"导入"对话框中选择素材1.jpg，然后调整其大小和位置，效果如下图所示。

步骤 03 单击工具箱中的矩形工具按钮▭，按住鼠标左键拖曳出一个矩形，为其填充绿色，去掉轮廓，如下图所示。

步骤 04 使用同样方法绘制出其他矩形，如下图所示。

步骤 05 选中矩形单击鼠标右键，在弹出的快捷菜单中执行"转换为曲线"命令，然后选择工具箱中形状工具▱按钮。在矩形节点处按住鼠标左键并向下拖曳，使矩形变为不规则的四边形，如下图所示。

步骤 06 使用同样方法调整其他矩形，效果如下图所示。

提示 除了以上方法以外，也可以直接使用"钢笔工具"绘制不规则的四边形，并使用"矩形工具"绘制出作为按钮的其他图形。

步骤 07 使用钢笔工具在灰色四边形顶部绘制一个三角形，并将其填充为白色，去掉轮廓，如下图所示。

步骤 08 使用同样方法绘制其他图形，效果如下图所示。

步骤 09 执行"文件>导入"命令，在弹出的"导入"对话框中选择素材3.jpg，然后调整其大小和位置。单击工具箱中的形状工具按钮，将光标定位到图片右上角的节点上，按住鼠标左键并拖动，即可更改图片外轮廓的形态，如下图所示。

步骤 10 接着在边缘上双击添加锚点，并拖曳移动锚点的位置，如下图所示。

步骤 11 继续对图片显示的区域进行调整，效果如下图所示。

步骤 12 下面制作画面中的文字部分，选择工具箱中的文本工具按钮，设置合适的字体、字号，然后在画面中单击，键入两行文字，设置字体颜色为橙色，如下图所示。

步骤 13 使用同样的方法制作出其他文字，效果如下图所示。

步骤 14 选择工具箱中的文本工具按钮，按住鼠标左键拖曳出一个文本框，并在其中输入段落文字，在属性栏中设置合适的字体、字号，将文字填充为白色，如下图所示。

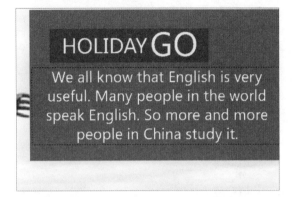

步骤 15 在属性栏中设置文本对齐方式为"居中"，如下图所示。

步骤 16 使用同样的方法制作其他的段落文本，如下图所示。

步骤 17 执行"文件>导入"命令，在弹出的"导入"对话框中选择素材2.png，如下图所示。

步骤 18 然后调整其大小和位置，最终效果如下图所示。

提示 想要向文档中添加其他的位图素材，可以直接打开位图素材所在的文件夹，拖动素材文件到当前的操作文档中，松开鼠标即可导入位图素材。

课后练习

1. 选择题

(1) 打开"文本属性"泊坞窗的快捷键为_____。

    A. Ctrl+T   B. Ctrl+Shift+T

    C. Ctrl+Alt+T   D. Ctrl+E

(2) 以下那种对齐方式为设置图文框对齐方式_____（多选题）。

    A. 顶端垂直对齐   B. 居中垂直对齐

    C. 底部垂直对齐   D. 上下垂直对齐

(3) 以下_____不是文本缩进的方式。

    A. 左行缩进   B. 右侧缩进

    C. 首行缩进   D. 句尾缩进

2. 填空题

(1) _____是依附于路径的一种文字形式，这种文字可以沿着路径进行排列。

(2) 使用文本工具在画面中单击，然后键入的文本被称为_____。

(3) 如果要使用形状工具对文字进行变形，需要先将文字转换为_____。

3. 上机题

本案例主要使用文字工具进行制作，首先创建美术字作为顶部标题文字，引导语和正文部分利用段落文字进行制作，正文部分应用了"分栏"功能。

本章概述

在本章中主要讲解如何运用表格功能制作表格，其中包括如何建立表格、选择表格、合并与拆分表格、为表格添加文字或图片、设置表格背景色以及设计边框等操作。

核心知识点

❶ 掌握创建表格的方法。

❷ 学会选择表格和选择单元格的方法

❸ 掌握编辑表格中内容的方法

❹ 学会如何编辑表格

❺ 学会为表格添加背景颜色和表格边框的设置方法

6.1 创建表格

创建表格有两种方法，一种是用表格工具▦，另一种是执行"表格>创建新表格"命令，创建表格。

单击工具箱中表格工具按钮▦，即可看到"表格"属性栏，在属性栏中可以设置表格的行数和列数、背景色、轮廓色等属性，如下左图所示。设置完成后，在画面中按住鼠标左键拖着，即可绘制表格。如下右图所示。

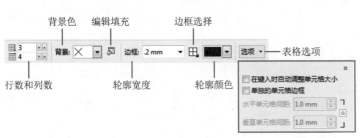

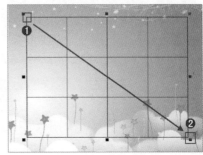

- **行数和列数**：可以设置表格的"行数"▦与"列数"▦。
- **背景色**：为表格添加背景色，单击"背景"下三角按钮▾，在下拉列表中选择预设的颜色。
- **编辑填充**▨：用于自定义背景颜色。
- **边框**：用来设置边框的粗细。
- **边框选择**：在下拉列表中选择需要编辑的边框。
- **轮廓颜色**：设置表格的边框颜色。

执行"表格>创建新表格"命令，打开"创建新表格"对话框，在该对话框中可以设置表格的"行数"、"栏数"、"高度"和"宽度"数值，完成后单击"确定"按钮，如下左图所示。画面中即可出现一个相应参数的表格，如下右图所示。

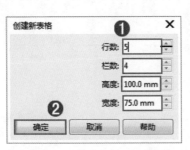

6.2 选择表格中的对象

选择表格有很多种方法，我们可以根据不同的情况进行选择。在CorelDRAW中不仅可以选中整个表格，还可选中表格中的一个单元格，或选中表格中一行或一列。

6.2.1 选择表格

表格对象是一个独立的对象，使用工具箱中的选择工具在表格上单击，即可选中该表格，如下图所示。

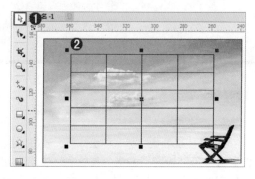

6.2.2 选择单元格

在表格内每个小格叫做"单元格"，若要选择某一个单元格，需要使用形状工具进行选择。

步骤 01 使用工具箱中的选择工具选择所需表格，如下左图所示。单击工具箱中的形状工具按钮，然后在需要选择的单元格上单击，即可选中该单元格，被选中的单元格会突出显示，如下右图所示。

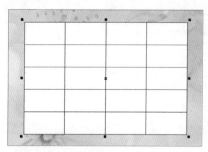
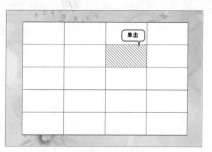

步骤 02 将鼠标移至表格中的任一单元格，当鼠标指针变为十字形时，按住左键并向右拖曳，即可选中多个单元格，如下左图所示。还可以在插入光标后使用快捷键Ctrl+A，选择全部单元格，如下右图所示。

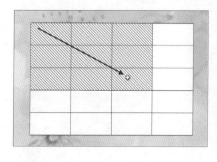
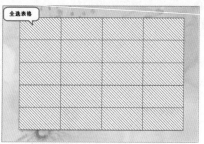

6.2.3 选择行

若要选择表格中某一行的所有单元格，可以选择一个单元格，然后执行"表格>选择>行"命令，自动选择该单元格所在行的所有单元格。选择行最常用的方法是使用形状工具在该行的第一个或最后一个单元格上单击，并拖动光标直至选中整行，如下左图所示。还可以使用形状工具 将鼠标移至表格的左侧，当鼠标指针变为箭头形状 时单击，该单元格所在的行呈被选中状态，如下右图所示。

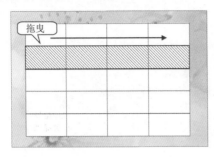 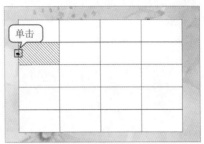

6.2.4　选择列

若要选择表格中某一列的所有单元格，方法与选择一行单元格的方法一样。使用形状工具 在该列的第一个或最后一个单元格上单击，并拖动直至选中整列，如下左图所示。也可以选择一个单元格，执行"表格>选择>列"命令，自动选择该单元格所在的列。还可以使用形状工具 ，将鼠标移至表格的左侧，当鼠标指针变为箭头形状 时单击，则该单元格所在的列呈被选中状态，如下右图所示。

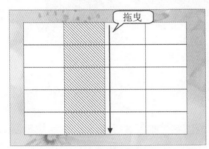 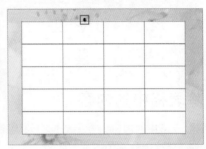

6.3　编辑表格中的内容

在CorelDRAW中，表格并不单单是一个矢量图形，往往需要在表格中添加图形、曲线、位图等多种对象内容。

6.3.1　向表格中添加文字

向表格中添加文字后，文字不是独立存在的，它们与表格是相互关联的。例如若移动表格，文字也会随之移动，若缩放表格也会影响到文字的显示。

首先绘制一个表格，单击工具箱中文本工具 按钮，然后将光标移动至需要输入文字的单元格并单击，该单元格中会显示出插入点光标，如下左图所示。然后输入文字，如下右图所示。

提示 如果需要更改文字的属性，可以使用文本工具将文字选中，然后在属性栏中进行更改。

6.3.2　向表格中添加位图

　　在绘制完表格后，有时不仅要为表格添加文字，还可能需要在表格中添加位图，下面就来学习在表格中添加位图的方法。

步骤 01 绘制一个表格，如下左图所示，然后选中位图按住鼠标右键拖到单元格内，如下右图所示。

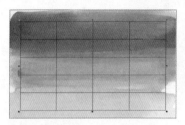
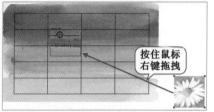

按住鼠标
右键拖拽

步骤 02 拖动到相应的单元格内后，松开鼠标会显示一个菜单，选择"置于单元格内部"命令，如下左图所示。即可看到图片被置入到单元格中，如下右图所示。

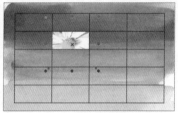

6.3.3　删除表格中的内容

　　如果想要删除表格中的内容，需要先选中要删除的内容，如下左图所示。然后按下Delete或者Backspace键，即可进行删除操作，如下右图所示。

案例项目：利用表格功能制作照片展示页面

案例文件

利用表格制作照片展示页面.cdr

视频教学

利用表格制作照片展示页面.flv

中文版CorelDRAW X7艺术设计精粹案例教程

步骤01 执行"文件>新建"命令，创建一个新文档。然后执行"文件>导入"命令，在弹出的"导入"对话框，选择素材1.jpg并导入，然后调整其大小和位置，效果如下右图所示。

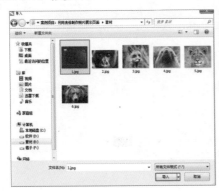 

步骤02 在工具箱中单击表格工具按钮，在属性栏中将行数和列数均设置为3。在画面中按住鼠标左键并进行拖动，绘制表格，绘制完成后松开鼠标，得到一个表格对象，如下左图所示。然后执行"文件>导入"命令，在弹出的"导入"对话框中选择素材5.jpg并导入到文档中，然后调整其大小和位置，效果如下右图所示。

步骤03 下面将图片插入到单元格内，首先在图片上单击鼠标右键，拖动到单元格中松开鼠标右键，在弹出的菜单中选择"置于单元格内部"命令，如下左图所示。图像即被置入到单元格中，如下右图所示。

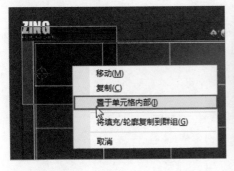 

步骤04 使用上述方法将其他图片依次插入到表格中相应的单元格内，最终效果如右图所示。

6.4　表格的编辑操作

创建表格后，默认情况下表格中单元格的大小都是一样的。但在一些编辑操作中，往往需要调整表格的大小，或者删除不需要的单元格等编辑操作，在本节中将讲解这些表格的编辑操作。

6.4.1　调整表格的行数和列数

对创建完成的表格，可以通过选中表格，在属性栏中的"行/列"数值框中键入相应数值来更改表格的行数或列数，如下图所示。

6.4.2　调整表格的行高和列宽

在绘制表格时，默认情况下单元格的大小都是相同的，在绘制完表格后也可以根据需要对单元格的行高和列宽进行调整。

在属性栏中可以通过设置"宽度"![]值来调整单元格所在列的列宽，通过设置"高度"![]值来调整单元格所在行的行高。使用形状工具![]选择一个单元格，在属性栏中对"高度"和"宽度"值进行调整，如下左图所示。设置完成后可以发现表格的行高列宽发生了变化，表格的大小也发生了变化，如下右图所示。

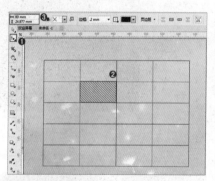 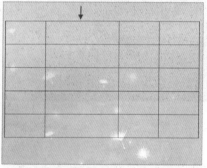

我们也可以直接将光标移动到要调整行高列宽的位置，当箭头变为双向箭头时，按住鼠标左键拖曳，如下左图所示。拖曳到合适位置后松开鼠标，即可改变单元格的大小，如下右图所示。

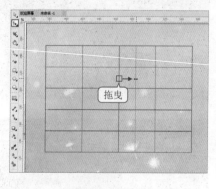 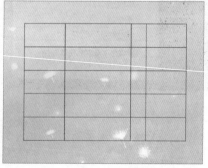

6.4.3　合并多个单元格

"合并单元格"命令可以将多个单元格合并为一个单元格，若被合并的单元格中有内容，被合并后这些内容不会消失。使用形状工具选中需要合并的单元格，如下左图所示。执行"表格>合并单元格"命令，或按Ctrl+M快捷键，选中的单元格将被合并为一个较长的单元格，如下右图所示。

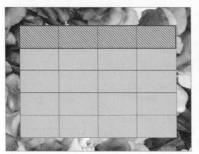 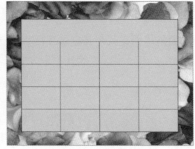

6.4.4 拆分单元格

"拆分为行"命令可以将一个单元格拆分为成行的两个或多个单元格,"拆分为列"命令可以将一个单元格拆分为成列的两个或多个单元格,"拆分单元格"命令则能够将合并过的单元格进行拆分。

步骤01 绘制一个表格,然后使用形状工具 ,选择单元格,如下左图所示。执行"表格>拆分为行"命令,在弹出的"拆分单元格"对话框中设置"行数"数值,单击"确定"按钮,即可将选中的单元格拆分为指定行数,如下右图所示。

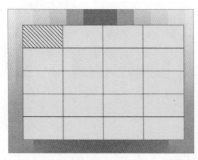 

步骤02 选择单元格,如下左图所示。执行"表格>拆分为列"命令,在弹出的"拆分单元格"对话框中设置"栏数"数值,单击"确定"按钮,将选中的单元格拆分为指定列数,如下右图所示。

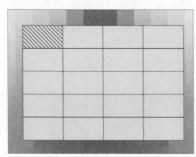 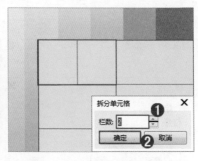

步骤03 如果表格中存在合并过的单元格,那么选中该单元格,如下左图所示。执行"表格>拆分单元格"命令,合并过的单元格将被拆分,如下右图所示。

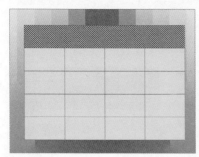 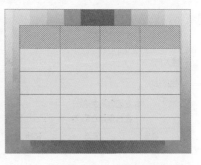

6.4.5　快速插入一行/一列

创建表格后，如果想要在某个特定位置插入一行或一列，可以选中单元格，如下左图所示。然后执行"表格>插入"命令，在子菜单中选择相应命令来增加表格的行数或列数，如下右图所示。

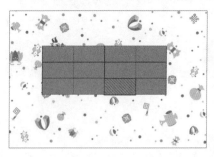

- 执行"表格>插入>行上方"命令，会自动在选择的单元格上方插入一行单元格。
- 执行"表格>插入>行下方"命令，会自动在选择的单元格下方插入一行单元格。
- 执行"表格>插入>列左侧"命令，会自动在选择的单元格左侧插入一列单元格。
- 执行"表格>插入>列右侧"命令，会自动在选择的单元格右侧插入一列单元格。

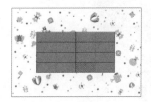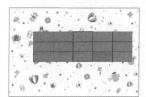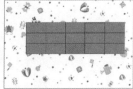

6.4.6　插入多行/多列

如果要添加多行或者多列，可以执行"表格>插入>插入行"命令或"表格>插入>插入列"命令，进行插入操作。

步骤01 选中表格中的单元格后，执行"表格>插入>插入行"命令，在弹出的"插入行"对话框中分别设置"行数"和"位置"，如下左图所示。"行数"数值框是用来设置插入的行数；"位置"选项是用来设置插入行的位置。设置完成后单击"确定"按钮，效果如下右图所示。

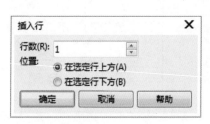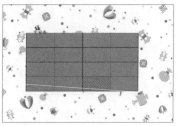

步骤02 执行"表格>插入>插入列"命令，在弹出的"插入行"对话框中分别设置"栏数"和"位置"，如下左图所示。设置完成后单击"确定"按钮，效果如下右图所示。

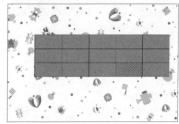

中文版CorelDRAW X7艺术设计精粹案例教程

6.4.7　平均分布行/列

执行"表格>分布"命令，可以对选中的行或者列进行平均分布操作。

步骤 01 在表格中选择某一列，如下左图所示。执行"表格>分布>行分布"命令，被选中的行将会在垂直方向均匀分布，如下右图所示。

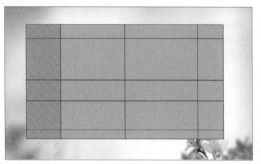 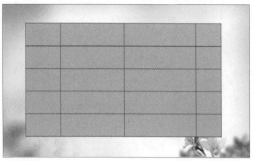

步骤 02 选择表格的某一行，如下左图所示。执行"表格>分布>列分布"命令，被选中的列将会在水平方向均匀分布，如下右图所示。

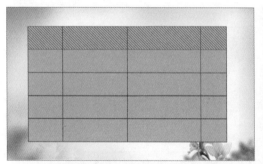 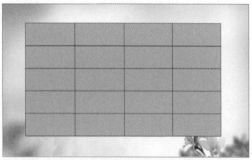

6.4.8　删除行/列

选择需要删除的行中的单元格，如下左图所示。执行"表格>删除>行"命令，可以将选中的单元格所在的行删除，如下中图所示。如果执行"表格>删除>列"命令，可将选中的单元格所在的列进行删除，如下右图所示。

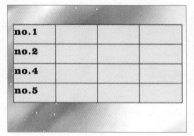 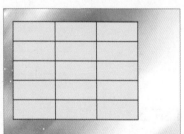

6.4.9　删除表格

选中表格中的单元格，执行"表格>删除>表格"命令，可以将单元格所在的表格删除。使用选择工具选中需要删除的表格，按键盘上的Delete键也可以将所选表格删除。

案例项目：制作营养成分表

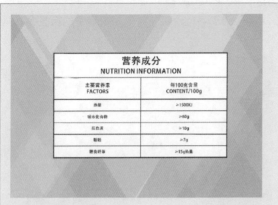

案例文件

制作营养成分表.cdr

视频教学

制作营养成分表.flv

步骤 01 执行"文件>新建"命令，创建新文档。执行"文件>导入"命令，导入背景素材，如下左图所示。在工具箱中单击表格工具按钮，在属性栏中将行数设置为7，列数设置为2，然后将背景色设置为白色，边框设为0.2mm。按住鼠标左键进行拖动绘制表格，绘制完成后松开鼠标，效果如下右图所示。

步骤 02 选中表格左上角的单元格，按住鼠标左键拖曳选择第一行单元格，然后单击鼠标右键，执行"合并单元格"命令。使用同样方法将其他单元格合并，效果如下右图所示。

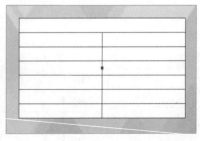

步骤 03 将光标定位到表格线上，当光标变为双箭头时，按住鼠标左键并拖动，即可调整表格大小，如下左图所示。接着选中表格底部五行单元格，如下中图所示。执行"表格>分布>行均分"命令，使这五行的高度一致，如下右图所示。

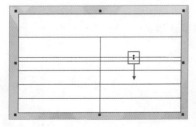
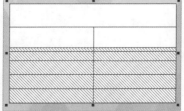
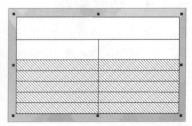

步骤 04 选择工具箱中的文本工具🅣，在属性栏设置合适的字体、字号及颜色。接着在表格中单击并键入文字，如下左图所示。将表格选中，打开"文本属性"泊坞窗，在"段落"选项区域中选择"居中对齐"选项，在"图文框"下拉列表中选择"居中垂直对齐"选项，如下中图所示。最终效果如下右图所示。

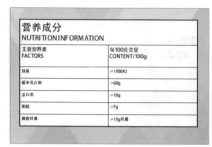

6.5 设置表格颜色及样式

在CorelDRAW中表格对象与图形对象一样，都可以进行颜色设置。表格对象不仅可以进行背景色、单元格颜色的设置，还可以对表格边框颜色和粗细进行设置。

6.5.1 设置表格背景色

在CorelDRAW中不仅可以为整个表格添加背景颜色，还可以为某一个单元格添加背景颜色。

步骤 01 选中表格对象，单击属性栏中"背景"按钮▾。在下拉面板中显示预设的颜色，单击相应的颜色色块即可为表格添加相应的背景色，如下左图所示。如果想要更多的选择，可以单击"更多"按钮，在弹出的"选择颜色"对话框中可以进行更多的颜色选择，如下右图所示。

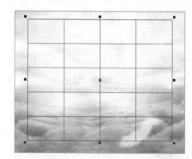
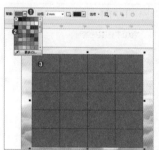

步骤 02 如果想要为表格填充其他颜色的背景，可以单击属性栏中的"编辑填充"按钮🎨，在弹出的"编辑填充"对话框中选择合适的颜色，如下左图所示。也可以选择部分单元格或者行、列，然后在属性栏中更改颜色，如下右图所示。

6.5.2 设置表格或单元格的边框

表格边框的粗细、颜色是可以进行更改的，用户还可以根据自己的实际需要更改边框的某个边。在更改边框的颜色或粗细前，首先要设定需要更改的位置。单击属性栏上的"边框选择"按钮 ⊞，在弹出的下拉列表中可以选择要修改的边框的类型，例如全部、内部、外部等，如下左图所示。若要更改边框的粗细，可以单击"边框"下三角按钮，在下拉列表中选择边框的粗细，若要更改边框的颜色，可以单击"轮廓颜色"下三角按钮，在下拉面板中选择一个颜色，如下右图所示。

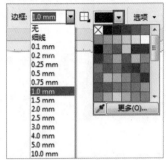

 ## 知识延伸：文本与表格相互转换

文本和表格是可以互相转化的，需要注意的是将文本转换为表格之前，需要在文本中插入制表符、逗号、段落回车符或其他字符。文本框的大小决定了表格的大小，如下左图所示。

选中需要转换为表格的文本框，执行"表格>将文本转换为表格"命令，在弹出的"将文本转换为表格"对话框中选择创建列的根据，如下中图所示。单击"确定"按钮结束操作，即可将文字转换为表格，如下右图所示。

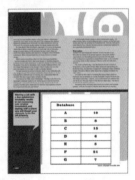

我们也可将表格转化为文本。选中表格，执行"表格>将表格转换为文本"命令，在弹出的"将表格转换为文本"对话框中选择"单元格文本分隔的根据"选项区域中相应的单选按钮，从而设置将表格转换为文本时，将根据所选的符号来分隔表格的行或列，如下左图所示。设置完成后单击"确定"按钮，即可将表格转化为文本，如下右图所示。

上机实训：制作旅行社DM单

案例文件

制作旅行社DM单.cdr

视频教学

制作旅行社DM单.flv

步骤 01 执行"文件>新建"命令，在弹出的"创建新文档"对话框中设置"大小"为A4，然后单击"纵向"按钮，设置"原色模式"为RGB，"渲染分辨率"为300，单击"确定"按钮创建新文档，如下图所示。

步骤 03 单击工具箱中的矩形工具按钮▢，按住鼠标左键绘制一个矩形，并将其填充为白色，去掉轮廓，如下图所示。

步骤 02 执行"文件>导入"命令，在弹出的"导入"对话框中选择素材1.jpg，导入到画面中并调整其大小和位置，如下图所示。

步骤 04 选择白色矩形，使用复制快捷键Ctrl+C、粘贴快捷键Ctrl+V，复制出一个相同大小的矩形，并将其填充为蓝色。再次单击矩形，在矩形四角处按住鼠标进行拖曳，将矩形进行旋转，如下图所示。

143

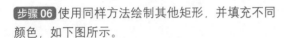

步骤 05 然后使用快捷键Ctrl+PageDown，将其放置在白色矩形下方，如右图所示。

步骤 06 使用同样方法绘制其他矩形，并填充不同颜色，如下图所示。

步骤 07 双击画面上方的矩形，矩形四周会出现旋转点，按住矩形下面的旋转点向右拖曳，将矩形进行斜切，如下图所示。

步骤 08 接着选择蓝色小矩形，在属性栏中单击"圆角"按钮，将转角半径设置为2mm，此时矩形变为圆角矩形，如下图所示。

步骤 09 使用同样的方法调整其他矩形显示效果，如下图所示。

步骤 10 单击工具箱中的文本工具按钮，然后在属性栏中设置合适的字体、字号，并键入文字，选择第一个字母，在调色板中为其填充粉色，如下图所示。

步骤 11 使用同样方法键入其他文字，并设置字体颜色，效果如下图所示。

中文版CorelDRAW X7艺术设计精粹案例教程

步骤 12 在工具箱中单击表格工具按钮。在属性栏中将行数设置为7，列数设置为3，按住鼠标左键进行拖动绘制表格，绘制完成后松开鼠标。单击表格，单击属性栏中"边框选择"按钮回，选择边框类型为"全部"，设置轮廓填充颜色为蓝色，轮廓宽度为2mm，效果如下图所示。

步骤 13 选择形状工具，将光标放在表格分割线上，会出现双箭头，按住鼠标左键向下拖曳调整行高度，如下图所示。

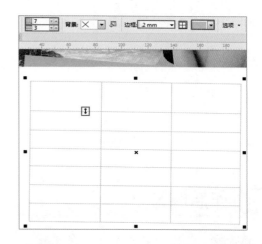

步骤 14 手动调节完成后，将后几行单元格全部选中，执行"表格>分布>行均分"命令，如下图所示。

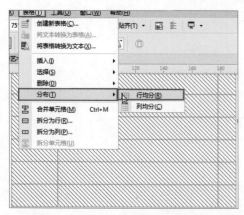

步骤 15 然后在属性栏中将背景色改为浅蓝色，如下图所示。

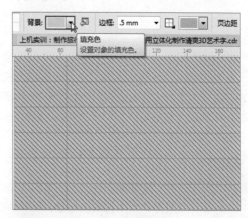

步骤 16 将十字光标放在第一排表格前面，光标会变成箭头形状➡，单击选中该行，单击鼠标右键执行"合并单元格"命令，如下图所示。

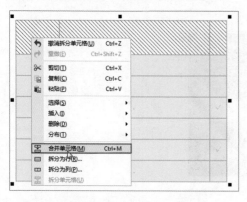

步骤 17 在属性栏中选择背景色，将背景色设置为蓝色，如下图所示。

步骤 18 选择工具箱中的文字工具 ，设置合适的字体、字号及颜色，然后在表格中键入文字，如下图所示。

步骤 19 将表格选中，在"文本属性"泊坞窗中设置在段落对齐方式为"居中对齐"，设置"图文框"对齐方式为"居中垂直对齐"，如下左图所示。最终效果如下右图所示。

课后练习

1. 选择题

(1) 合并单元格的快捷键是？ _____
    A. Ctrl+M   B. Ctrl+N
    C. Ctrl+S   D. Ctrl+D

(2) 单元格不可以进行以下哪几种方法？ _____
    A. 合并   B. 添加三维效果
    C. 拆分   D. 设置颜色

(3) 使用以下哪种工具可以通过拖曳表格边框来更改单元格的大小？ _____
    A. "选择工具"   B. "表格工具"
    C. "手绘工具"   D. "形状工具"

2. 填空题

(1) 要选择单元格，需要使用_____进行选择。

(2) 如果要在绘制完的表格内插入一行，需要执行_____命令。

(3) 选中单元格中的内容，按下_____键或者_____键可以进行删除。

3. 上机题

本案例制作的是一款带有表格的杂志版面，主要利用文字工具与表格工具，通过对表格边框和单元格颜色的设置，制作出与版面风格相契合的效果。

Chapter **07** 矢量图形效果

本章概述

CorelDRAW具有强大的编辑位图的功能，能够将导入的位图进行编辑和调整。在本章中，主要来讲解"效果"菜单中的功能。在"效果"菜单中有用于调色的命令，这些调色命令有的可用于位图和矢量图，有的只能用于位图。

核心知识点

❶ 掌握调整命令的使用方法
❷ 掌握对象的"调和"方法
❸ 掌握"变形"和"封套"功能的使用方法
❹ 掌握"立体化"功能的使用方法

7.1 "调整"命令

在"效果>调整"菜单中虽然有很多的命令，但这些命令都具有针对性。如果选择矢量对象，只能使用"亮度/对比度/强度"、"颜色平衡"、"伽马值"、"色度/饱和度/亮度"这四个命令。若选中的是位图对象，则全部的命令都可以使用。

这些命令的使用方法基本相同，下面以"色度/饱和度/亮度"命令为例，学习如何使用"效果>调整"菜单下的命令。选中一个对象，执行"效果>调整>色度/饱和度/亮度"命令，在弹出的"色度/饱和度/亮度"对话框中进行参数的设置，设置完成后单击"确定"按钮，可以看到图片的色调发生了相应的变化。

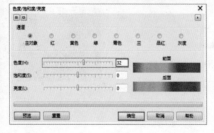

7.1.1 "高反差"命令

"高反差"命令在保留阴影和高亮度细节的同时，调整位图的色调、颜色和对比度。

选择位图图像，如下左图所示。执行"效果>调整>高反差"命令，在"高反差"对话框右侧的直方图中显示图像每个亮度值的像素点的多少。最暗的像素点在左边，最亮的像素点在右边，如下中图所示。移动滑块可以调整画面的效果，如下右图所示。

 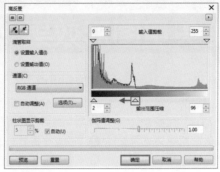 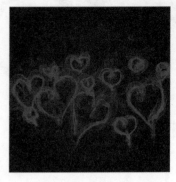

7.1.2 "局部平衡"命令

"局部平衡"命令用于提高图像中边缘部分的对比度，以便更好地展示明亮区域和暗色区域中的细节。选中位图对象，如下左图所示。执行"效果＞调整＞局部平衡"命令，打开"局部平衡"对话框，调整"高度"或"宽度"滑块位置，如下中图所示。效果如下右图所示。

7.1.3 "取样/目标平衡"命令

"取样/目标平衡"命令可以使用从图像中选取的色样来调整位图中的颜色值。可以从图像的黑色、中间色调以及浅色部分选取色样，并将目标颜色应用于每个色样。执行"效果＞调整＞取样/目标平衡"命令，打开"样本/目标平衡"对话框。首先使用吸管工具在图像中吸取颜色，单击■按钮吸取暗色，单击■按钮吸取中间色，单击■按钮吸取亮色，如下左图所示。吸取完成后单击目标颜色，在弹出的"选择颜色"对话框中设置目标颜色，单击"预览"按钮，可以对将目标应用于每个色样的效果进行预览，效果如下右图所示。

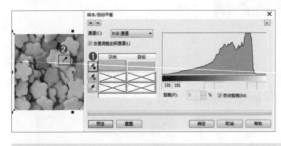 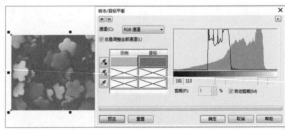

提示 "取样/目标平衡"命令只能怪应用于位图图像的调整。

7.1.4 "调和曲线"命令

使用"调和曲线"命令，可以通过调整曲线形态改变画面的明暗程度和色彩显示效果。

步骤 01 选择一个位图，执行"效果＞调整＞调和曲线"命令，打开"调和曲线"对话框。整条曲线大致可以分为三个部分，右上部分主要控制图像亮部区域，左下部分主要控制图像暗部区域，中间部分用于控制图像中间调。所以想要着重调整哪一部分，就需要在哪个区域创建点并调整曲线形态，如下图所示。

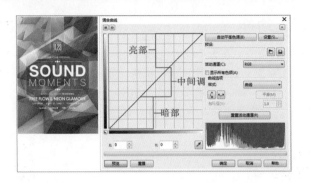

步骤 02 在曲线上单击添加一个控制点，然后按住鼠标左键将其向左上偏移，画面亮度会被提高，如下左图所示。若将控制点向右下偏移，画面会变暗，如下右图所示。CMYK颜色模式下与之正好相反。

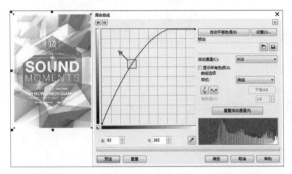

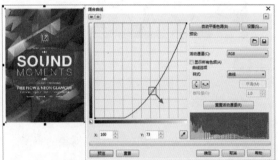

步骤 03 除了对整个画面的亮度进行调整外，还可以对图像的各个通道进行调整。在"活动通道"列表中选择一个通道，然后调整曲线形状。曲线向左上扬，即可增强画面中这一种颜色的含量；将曲线向右下角压，则会减少这种颜色在画面中的含量。右图为调整蓝通道曲线形状后图形的色彩变换效果。

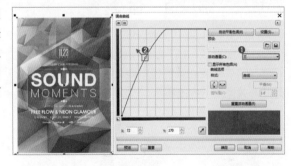

7.1.5 "亮度/对比度/强度"命令

"亮度/对比度/强度"命令用于调整矢量对象或位图的亮度、对比度以及颜色的强度。选择矢量图形或位图对象，如下左图所示。执行"效果>调整>亮度/对比度/强度"命令，在打开的"亮度/对比度/强度"对话框中拖动"亮度"、"对比度"、"强度"滑块，或在后面的数值框内输入数值，即可更改画面效果，如下中图所示。单击"确定"按钮结束操作，调整后的效果如下右图所示。

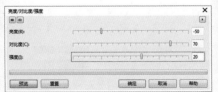

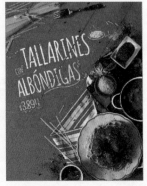

7.1.6 "颜色平衡"功能

"颜色平衡"功能是通过对图像中互为补色的色彩之间平衡关系的处理，来校正图像的色偏问题。

步骤01 选择矢量图形或位图对象，如下左图所示。执行"效果>调整>颜色平衡"命令，打开"颜色平衡"对话框。首先需要在"范围"列表中选择影响的范围，然后分别拖动"青-红"、"品红-绿"、"黄-蓝"的滑块，或直接在后面的数值框内输入数值，如下中图所示。设置完成后单击"确定"按钮，效果如下右图所示。

步骤02 在"颜色平衡"对话框左侧"范围"选项区域中勾选"阴影"复选框，表示同时调整对象阴影区域的颜色；勾选"中间色调"复选框，表示同时调整对象中间色调的颜色；勾选"高光"复选框，表示同时调整对象上高光区域的颜色；勾选"保持亮度"复选框，表示调整对象颜色的同时保持对象的亮度，如右图所示。

7.1.7 "伽玛值"命令

在CorelDRAW中"伽玛值"主要用于调整对象的中间色调，但对于深色和浅色影响较小。选择矢量图形或位图对象，如下左图所示。执行"效果>调整>伽玛值"命令，打开"伽玛值"对话框。拖动"伽玛值"滑块，或在数值框中输入数值，单击"确定"按钮结束操作，如下中图所示。若设置"伽玛值"为40，效果如下右图所示。

7.1.8 "色度/饱和度/亮度"命令

"色度/饱和度/亮度"命令可以通过调整滑块位置更改画面的颜色倾向、色彩的鲜艳程度和亮度。选择矢量图形或位图对象，如下左图所示。执行"效果>调整>色度/饱和度/亮度"命令，在打开的对话框上方的"通道"选项区域中，选择不同的通道选项，可以设置改变对象的对应颜色。拖动"色度"、"饱和度"、"亮度"的滑块，效果如下图所示。

 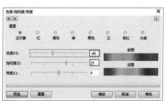 

7.1.9 "所选颜色"命令

　　"所选颜色"命令可以用来调整位图中每种颜色的色彩和浓度。选择位图图像，如下左图所示。执行"效果>调整>所选颜色"命令，打开"所选颜色"对话框。在"色谱"选项区域中选择需要调整的颜色，对其颜色进行单独调整，而不影响其他颜色。然后拖动"青"、"品红"、"黄"和"黑"滑块，或在后面的数值框内输入数值，即可更改每种颜色百分比，单击"确定"按钮，结束操作，如下中图所示。如下右图所示为可选颜色的效果。

 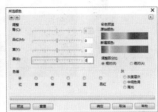 

7.1.10 "替换颜色"命令

　　"替换颜色"命令是针对图像中某个颜色区域进行调整，将选择的颜色替换为其他颜色。

步骤01 选择位图图片，如下左图所示。执行"效果>调整>替换颜色"命令，在打开的"替换颜色"对话框中，单击"新建颜色"下三角按钮，在下拉面板中选中一个替换颜色，接着单击"原颜色"后面的"吸管"按钮，将光标移动到图像的黄色背景处，光标变为形状后单击，如下中图所示。接着可以通过预览看到图片的背景变换了颜色，效果如下右图所示。

 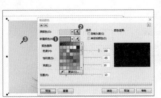 

步骤02 若要更改被替换颜色区域的大小，可以设置"范围"值。该参数值越大，替换颜色的区域就越大，如下左图所示。该参数值越小，替换颜色的区域就越小，如下右图所示。

步骤03 若在"新建颜色"下拉面板中并没有合适的颜色，我们可以通过设置"色度"、"饱和度"和"亮度"选项进行更改。

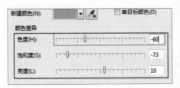 

7.1.11 "取消饱和度"命令

"取消饱和度"命令可以将彩色图像变为黑白效果。选择位图图像，如下左图所示。执行"效果>调整>取消饱和"命令，将位图对象的颜色转换为与其相对的灰度效果，如下右图所示。

7.1.12 "通道混合器"命令

"通道混合器"命令可以通过改变不同颜色通道的数值来改变图形的色调。选择位图图像，如下左图所示。执行"效果>调整>通道混合器"命令，在弹出的"通道混合器"对话框中设置色彩模式以及输出通道，然后移动"输入通道"的颜色滑块，如下中图所示。完成后单击"确定"按钮结束操作，效果如下右图所示。

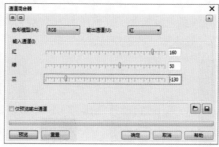

7.2 "变换"命令

执行"效果>变换"命令，在其子菜单中包含了"去交错"、"反转颜色"和"极色化"三个命令。除了"去交错"命令只能用于位图外，其他命令位图与矢量图皆可使用。

7.2.1 "去交错"命令

"去交错"命令主要用于处理使用扫描设备输入位图，使用该命令可以消除位图上的网点。选择位图对象，执行"效果>变换>去交错"命令，在弹出的"去交错"对话框中设置"扫描线"和"替换方法"，设置完成单击"确定"按钮结束操作，如下图所示。

- 偶数行：单击该单选按钮，可以去除双线。
- 奇数行：单击该单选按钮，可以去除单线。
- 复制：单击该单选按钮，可以使用相邻一行的像素填充扫描线。
- 插补：单击该单选按钮，可以使用扫描线周围的像素平均值填充扫描线。

7.2.2 "反转颜色"命令

　　"反转颜色"命令通过将图像中所有颜色进行翻转得到负片效果。选择矢量图形或位图对象，如下左图所示。执行"效果>变换>反转颜色"命令，图像的颜色发生了反转，如下右图所示。

7.2.3 "极色化"命令

　　"极色化"命令是通过移除画面中色调相似的区域，得到色块化的效果。选择矢量图形或位图对象。执行"效果>变换>极色化"命令，在打开的"极色化"对话框中，拖动层次滑块，层次数值越小，画面中颜色数量越少，色块化越明显，反之层次数值越大，画面颜色越多。

7.3 "尘埃与划痕"命令

　　"效果>校正>尘埃与划痕"命令只作用于位图，该命令用于消除超过设置对比度阈值的像素之间的对比度。选择位图图像，如下左图所示，执行"效果>校正>尘埃与划痕"命令，在弹出的"尘埃与划痕"对话框中，可以设置"半径"参数更改影响的像素数量。半径越小，图像保留的细节越多。"阈值"选项用于控制杂点减少的数量，阈值数值越大保留的图像细节越多，如下中图所示。如下右图所示为调整"尘埃与划痕"后的效果。

 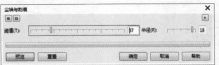 

7.4 阴影

使用工具箱中的阴影工具 🔲 可以为文本、位图和群组对象等创建阴影效果。若要更改阴影的属性，可以通过属性栏进行调整。

7.4.1 添加阴影效果

步骤 01 选择一个对象，如下左图所示。单击工具箱中的阴影工具按钮 🔲。将鼠标指针移至图形对象上，按住左键并向其他位置拖动，释放鼠标即可看到添加阴影的效果，如下右图所示。

步骤 02 除此之外，在属性栏中的"预设"下拉列表中包含多种内置的阴影效果，如下左图所示。单击某个样式，即可为对象应用相应的阴影效果，各种预设的阴影效果如下右图所示。

步骤 03 为对象添加阴影效果后，还可以对阴影的角度和位置进行调整。将鼠标指针移至引用控制点上，按住左键并进行移动，可以更改阴影的位置，如下左图所示。松开鼠标即可改变投影的位置，如下右图所示。

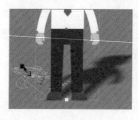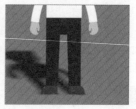

步骤 04 拖曳虚线上的滑块，向黑色方块处（阴影终点位置）拖曳，可以加深阴影，如下左图所示。向白色滑块处（阴影起点位置）拖曳，可以减淡阴影，如下右图所示。

7.4.2 调整阴影效果

选择添加了阴影效果的对象，在属性栏中可以进行参数的更改，如下图所示。

-  **阴影角度**：在数值框中输入相应的数值，可以设置阴影的方向。下面两个图分别为角度数值为20和150的对比效果。

- **阴影延展**：调整阴影边缘的延展长度。下面的左图和右图分别为延展数值为20和80的对比效果。

- **阴影淡出**：调整阴影边缘的淡出程度。下面的左图和右图分别为淡出数值为0和100的对比效果。

- **阴影的不透明度**：用于设置调整阴影的不透明度。下面的左图和右图分别为不透明度数值为30和100的对比效果。

● **阴影羽化**：调整阴影边缘的锐化或柔化程度。下面的左图和右图分别为10和60的对比效果。

● **羽化方向**：向阴影内部、外部或同时向内部和外部柔化阴影边缘。在CorelDRAW中提供了"向内"、"中间"、"向外"和"平均"四种羽化方法。下图为选择不同羽化方法的效果对比。

向内　　　　　　　向间　　　　　　　向外　　　　　　　平均

● **羽化边缘**：设置边缘的羽化类型，可以在列表中选择"线性"、"方形的"、"反白方形"、"平面"选项。下图为不同的羽化边缘效果对比。

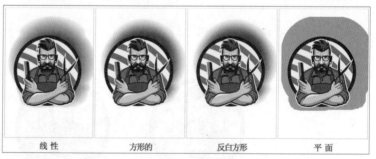

线性　　　　　　方形的　　　　　　反白方形　　　　　　平面

● **阴影颜色**：在下拉菜单中单击选择一种颜色，可以直接改变阴影的颜色。选中阴影终点位置的颜色方块，单击"阴影颜色"下三角按钮，在下拉面板中选中一种颜色，如下左图所示。设置阴影为黄色的效果，如下右图所示。

- ■乘　　　　　▼合并模式：单击属性栏中的"合并模式"下三角按钮，在下拉菜单中选择合适的选项，调整颜色的混合效果，如下左图所示。不同的色调样式效果如下右图所示。

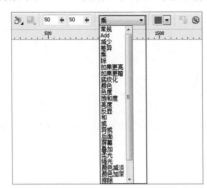 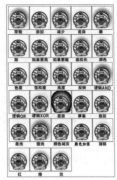

7.5　轮廓图

轮廓图工具 可以为路径、图形、文字等矢量对象创建轮廓向内或向外放射的多层次轮廓效果。

7.5.1　创建轮廓图效果

选择一个矢量对象，如下左图所示。使用轮廓图工具 在图形上按住鼠标左键并向对象中心或外部移动，释放鼠标即可创建由图形边缘向中心/由中心向边缘放射的轮廓效果，如下右图所示。

还可以通过"轮廓图"泊坞窗创建轮廓图。选中图形对象，如下左图所示。执行"窗口泊坞窗>效果>轮廓图"命令，打开"轮廓图"泊坞窗，参数设置完毕后单击"应用"按钮，如下中图所示。轮廓图效果即会被应用到所选的对象上，如下右图所示。

7.5.2　编辑轮廓图效果

选中添加了轮廓图效果的对象，在轮廓图工具属性栏中可进行参数的设置，如下图所示。

- ▣▣▣**轮廓偏移方向**：轮廓偏移方向包含三种方式，分别是中心、内部轮廓和外部轮廓，各种方式的效果如下图所示。

  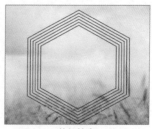

中心　　　　　　　　　　　内部轮廓　　　　　　　　　　外部轮廓

- ▣1▣**轮廓图步长**：用于调整对象中轮廓图数量的多少。
- ▣2.54 mm▣**轮廓图偏移**：调整对象中轮廓图的间距。
- ▣**轮廓图角**：设置轮廓图的角类型。如下左图所示为"斜接角"效果；如下中图所示为"圆角"效果；如下右图所示为"斜切角"效果。

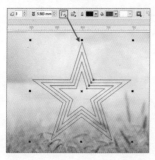 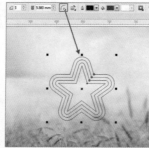 

- ▣**轮廓图颜色方向**：轮廓图颜色方向包含三个方式，分别是线性轮廓色、顺时针轮廓色和逆时针轮廓色。
- ▣▣▣▣**轮廓图对象的颜色属性**：轮廓图的颜色其实是由两部分颜色的过渡构成的：原始图形与新出现的轮廓图形。选中轮廓图对象后，直接在调色板中更改颜色为原始图形的颜色。而通过轮廓图的属性栏则可以设置轮廓图形的颜色。
- ▣**对象和颜色加速**：单击该按钮，在弹出的"加速"对话框中可以通过滑块的调整控制轮廓图的偏移距离和颜色，如下图所示。

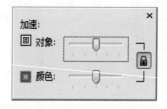

7.6　调和效果

调和效果是在两个或多个图形之间建立一系列的中间图形，而这些中间图形是两端图形经过形状和颜色的渐变过渡，形成的渐进变化的叠影。调和效果只能应用于矢量图形。

7.6.1　创建调和效果

调和是在两个或多个矢量对象之间进行的，所以画面中需要有至少两个矢量对象，如下左图所示。单击工具箱中的调和工具按钮▣，在其中一个对象上按住鼠标左键，然后移向另一个对象，如下中图所示。释放鼠标即可创建调和效果，此时两个对象之间出现多个过渡的图形，如下右图所示。

除了使用调和工具外，还可以在"调和"泊坞窗中创建调和效果。选中要进行调和的矢量对象，执行"效果>调和"命令，打开"调和"泊坞窗。设置合适参数后单击"应用"按钮创建调和，如下中图所示。对象之间出现的调和效果如下右图所示。

  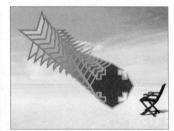

7.6.2 编辑调和效果

单击工具箱中的调和工具按钮，在属性栏中可以看到该工具的参数选项，如下图所示。

- 调和步长：调整调和中的步长数。单击该按钮后，可以通过设置特定的步长数进行调和。如下左图是"调和步长"为5的效果，如下右图是"调合步长"为14的效果。

- 调和间距：在调和效果已附加到路径时，设置与路径匹配的调和对象之间的距离。下左图为5mm的效果，下右图为10mm的效果。

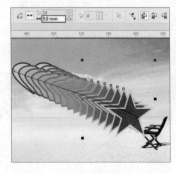 

- 🔲 **调和工具属性**：使用调和工具选中调和对象，在属性栏中的"调和对象"数值框中设置调和对象数值，也就是设置两个对象调和之后中间生成对象的数目，下左图为20的效果，下右图为60的效果。

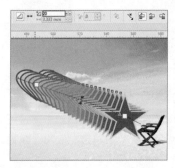 

- 🔲 **调和方向**：在"调和方向"数值框中，可以设定中间生成对象在调和过程中的旋转角度，使起始对象和重点对象的中间位置形成一种弧形旋转调和效果，下左图为0°的效果，下右图为90°的效果。

- 🔲 **环绕调和**：将环绕效果应用到调和对象。
- 🔲 **路径属性**：单击该按钮，在下拉列表中可以将调和移动到新路径上，设置路径的显示隐藏或将调和从路径中分离出来。想要沿路径进行调和，首先需要创建好路径和调和完成的对象，使用调和工具选择调和对象，单击属性栏中的"路径属性"按钮🔲，在弹出的菜单中选择"新路径"选项，如下左图所示。然后将光标移动到画布中，将光标变为曲柄箭头🔲时在路径上单击，如下中图所示。此时调和对象沿路径排布，如下右图所示。

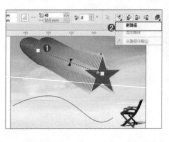 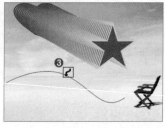 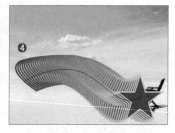

- 🔲🔲🔲 **调和方式**：该选项是用来改变调和对象的光谱色彩。下左图为"直接调和"🔲的效果；下中图为"顺时针调和"🔲的效果；下右图为"逆时针调和"🔲的效果。

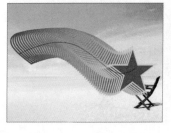  

- ⊞ **对象和颜色加速**：单击该按钮，在弹出的"加速"界面移动相应的滑块，调整调和对象显示和颜色更改的速率。单击"解锁"按钮🔒，可分别调节对象的分布及颜色的分布，如下左图所示。下中图为调整"对象"滑块的效果；下右图为调整"颜色"滑块的效果。

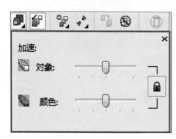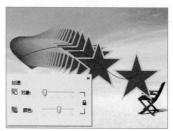

- 🔲 **起始和结束属性**：选择调和开始和结束对象。
- 🔳 **更多调和选项**：单击该按钮，在弹出的子菜单中可以拆分、融合、旋转调和中的对象以及映射节点，如右图所示。

7.7 变形工具

使用工具箱中的变形工具🗗可以为图形、直线、曲线、文字和文本框等对象创建特殊的变形效果，变形效果包括"推拉变形"⊠、"拉链变形"❀和"扭曲变形"❈3种。选中需要编辑的图形，单击工具箱中的变形工具按钮🗗，按住鼠标左键在图形上拖曳，松开鼠标即可看到图形发生了变形。

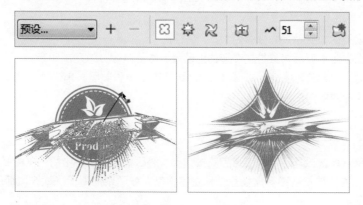

- ⊠ **推拉**：推进对象的边缘，或拉出对象的边缘，使对象变形。
- ❀ **拉链**：为对象的边缘添加锯齿效果。
- ❈ **扭曲**：旋转对象以创建漩涡效果。

> **提示** ▶ 我们可以对单个对象多次使用变形工具，并且每次的变形都建立在上一次效果的基础上。

7.7.1 "推拉"变形效果

选中编辑的对象，单击工具箱中的变形工具按钮🗗，然后单击属性栏中的"推拉"按钮⊠，下左图为推拉变形的属性栏。在图形上按住鼠标左键拖曳，如下中图所示。松开鼠标后即可看到图像变形效果。如下右图所示。

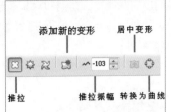

- **添加新的变形**：单击该按钮即可在当前变形的基础上继续进行扭曲操作。
- **推拉振幅**：调整对象的扩充和收缩。
- **居中变形**：居中对象的变形效果。
- **转换为曲线**：将扭曲对象转换为曲线对象，转换后即可使用形状工具对其进行修改。

7.7.2 "拉链"变形效果

选中编辑的对象，单击工具箱中的变形工具按钮，然后单击属性栏中的"拉链变形"按钮，下左图为拉链变形的属性栏。在图形上按住鼠标左键拖曳，如下中图所示。松开鼠标后即可看到图像变形效果，如下右图所示。

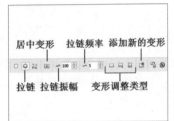
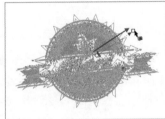

- **拉链振幅**：设置的数值越大，振幅越大。
- **拉链频率**：振幅频率表示对象拉链变形的波动量，数值越大，波动越频繁。
- **变形调整类型**：包含随机变形 、平滑变形 和局部变形 三种类型，单击某一选项即可切换。
- **居中变形**：居中对象的变形效果。

7.7.3 "扭曲"变形效果

选中编辑的对象，单击工具箱中的变形工具按钮，然后单击属性栏中的"扭曲变形"按钮，下左图为扭曲变形的属性栏。接着在图形上按住鼠标左键拖曳，如下中图所示。松开鼠标后即可看到图像变形效果，如下右图所示。

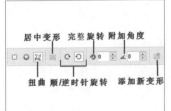

- **顺/逆时针旋转**：用于设置旋转的方向。
- **完整旋转**：调整对象旋转扭曲的程度。
- **附加角度**：在扭曲变形的基础上作为附加的内部旋转，对扭曲后的对象内部作进一步的扭曲处理。
- **居中变形**：居中对象的变形效果。

7.8　封套工具

封套工具是将需要变形的对象置入"外框"（封套）中，通过编辑封套外框的形状来调整其影响对象的效果，使其依照封套外框的形状产生变形。在CorelDraw中提供了很多封套的编辑模式和类型，用户可以充分利用这些模式和类型，创建出各种形状的图形。

7.8.1　认识封套工具

使用封套工具圈可以对封套的节点进行调整，改变对象的形状。这种变形操作既不会破坏到对象的原始形态，又能够制作出丰富多变的变形效果。单击工具箱中的封套工具按钮圈，其属性栏如下图所示。

封套工具可以通过"预设列表"的设置，来选择指定的封套预设效果。使用封套工具圈选中相应的对象，然后单击封套工具属性栏中的"预设"下三角按钮，如下左图所示。在其下拉菜单中选择一种合适的预设选项，即可将该选项的封套效果应用到对象中，下右图为各种预设的对比效果。

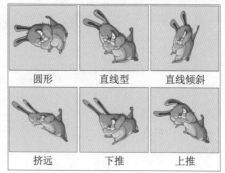

圆形　　直线型　　直线倾斜

挤远　　下推　　上推

7.8.2　使用封套工具

XXX

步骤 01 单击工具箱中的封套工具按钮圈，然后选择需要添加封套效果的图形对象，此时将会为所选的对象添加一个由节点控制的矩形封套，如下左图所示。在矩形封套轮廓的节点或框架线上按住鼠标左键并进行移动，即可对相应的图像轮廓做进一步的变形处理，如下右图所示。

拖曳

步骤 02 单击选中封套轮廓，在封套工具属性栏中可以使用"添加节点" 📟和"删除节点" 📟等节点编辑按钮，在封套轮廓上添加或删除节点。编辑封套轮廓上的节点，可以帮助用户更好地调节轮廓，以达到理想的设计效果，如下图所示。

步骤 03 默认下的封套模式是"非强制模式" ✏，其变化相对比较自由，并且可以对封套的多个节点同时进行调整。在属性栏中的"直线模式" ▱、"单弧模式" ▱和"双弧模式" ▱是用于强制为对象做封套变形处理，且只能单独对各节点进行调整，如下图所示。

- **非强制模式** ✏：创建任意形式的封套，允许您改变节点的属性以及添加和删除节点。
- **直线模式** ▱：基于直线创建封套，为对象添加透视点。
- **单弧模式** ▱：创建一边带弧形的封套，使对象为凹面结构或凸面结构外观。
- **双弧模式** ▱：创建一边或多边带 S 形的封套。

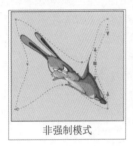 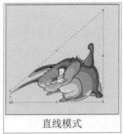  

| 非强制模式 | 直线模式 | 单弧模式 | 双弧模式 |

步骤 04 选择应用封套变形的图形对象，单击属性栏中的"映射模式"按钮，下拉菜单中包括"水平"、"原始"、"自由变形"和"垂直"模式，可为对象应用不同的封套变形效果，如下左图所示。为不同的映射效果，如下右图所示。

- **水平**：延展对象以适合封套的基本尺度，然后水平压缩对象以合适封套的性质。
- **原始**：将对象选择框手柄映射到封套的节点处，其它节点沿对象选择框的边缘线性映射。
- **自由变形**：将对象选择框的手柄映射到封套的角节点。
- **垂直**：延展对象以适合封套的基本尺度，然后垂直压缩对象以适合封套的形状。

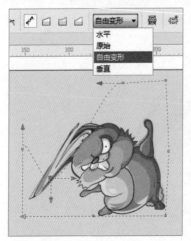 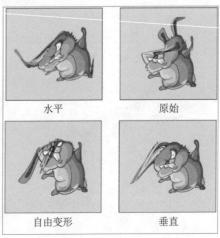

水平　　　　原始

自由变形　　垂直

中文版CorelDRAW X7艺术设计精粹案例教程

案例项目：使用封套制作卡通标志

案例文件

使用封套制作卡通标志.cdr

视频教学

使用封套制作卡通标志.flv

步骤 01 执行"文件>新建"命令，创建新文件。单击工具箱中的矩形工具按钮▣，在工作区中绘制一个与画布等大的矩形。选中该矩形，然后单击工具箱中的交互式填充工具按钮🎨，继续单击属性栏中的"渐变填充"按钮，设置渐变类型为"椭圆形渐变填充"，然后将中心节点设置为白色，外部节点设置为天蓝色，去掉轮廓，效果如下右图所示。

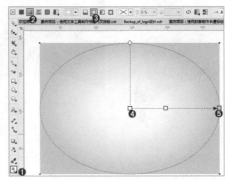

步骤 02 首先绘制树叶，单击工具箱中的钢笔工具按钮🖊，使用钢笔工具绘制出树叶形状，如下左图所示。单击工具箱中的交互式填充工具按钮🎨，然后单击属性栏中的"渐变填充"按钮，设置渐变类型为"线性渐变填充"，将两个节点分别设置为浅绿色和绿色，效果如下中图所示。利用复制、旋转、对称等工具将其他树叶摆放在画面中下右图的位置。

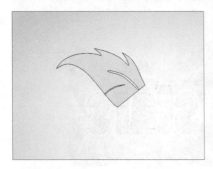

步骤 03 下面绘制太阳形状图形。在工具箱中选择星形工具按钮✪，在属性栏上将"边数和点数"设置为20，"锐度"设置为20，在画面上按住鼠标左键拖曳的同时按住Ctrl键画出一个正星形，如下左图所示。在属性栏中将外轮廓数值设置为1.5mm，在调色板上橘红色色块处单击鼠标右键，将轮廓填充为橘红色，在调色板黄色色块处单击，将其填充为黄色，效果如下右图所示。

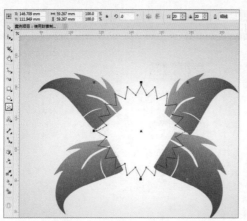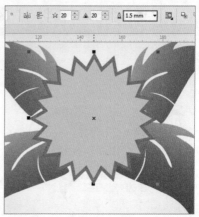

步骤 04 在工具箱中单击椭圆形工具按钮◯，按住Ctrl键并按住鼠标左键拖曳出一个正圆，如下左图所示。在调色板橘红色色块处单击鼠标右键，将描边改为橘红色，在调色板图黄色色块处单击，将其填充为土黄色。在属性栏中将轮廓改为1mm，效果如下中图所示。使用同样方法绘制出内部的另一个圆，如下右图所示。

步骤 05 制作画面中的文字部分。单击工具箱中的文本工具按钮，然后在属性栏中设置合适的字体、字号，在图中单击并输入相应文字，单击工具箱中的交互式填充工具按钮，继续单击属性栏中的"渐变填充"按钮，设置渐变类型为"线性渐变填充"，将两个节点分别设置为黄色和红色，然后在调色板黑色色块处单击鼠标右键，将轮廓设为黑色，在属性栏上将轮廓大小改为1mm，如下左图所示。在工具箱中单击轮廓图工具按钮。进行文字，在属性栏中设置轮廓图步长为1，如下右图所示。

步骤 06 将文字变形。单击工具箱中的封套工具按钮，然后单击文字，会出现一个虚线控制框，如下左图所示。双击文字两边虚线上的控制点，将其去掉，然后在文字左上方的控制点处按住鼠标左键向右拖曳，将右侧控制点向左侧拖曳，效果如下中图。使用同样方法制出顶部的另一组，效果如下右图所示。

步骤07 在画面空白处按住鼠标左键向右拖曳，将主体内容选中。执行"对象>造型>边界"命令，得到边界的图形，然后在属性栏中设置轮廓线宽度为3mm，如下左图所示。接着在调色板中右键单击白色，设置轮廓线为白色，效果如下右图所示。

步骤08 在工具箱中选择2点线工具，在文字底部按住Shift键并按住鼠标左键拖动绘制出一条直线，如下左图所示。在调色板棕色色块处单击鼠标右键，将其轮廓改成棕色，将属性栏中轮廓宽度改为0.75mm，如下中图所示。使用同样方法绘制出另一条直线，单击工具箱中的文本工具工具按钮，然后在属性栏中设置合适的字体、字号，单击鼠标右键，将文字改为棕色，绘制一个白色的圆角矩形，放置在文字的底部，最终效果如下右图所示。

7.9 立体化效果

"立体化"效果可以为矢量图形添加厚度或进行三维角度的旋转，以制作出三维立体的效果。

7.9.1 创建立体化效果

步骤01 选择矢量对象，如下左图所示。在工具箱中单击立体化工具按钮🔲，将鼠标指针移至对象上，按住鼠标左键拖曳，如下右图所示。

提示 立体化工具可以应用于图形、曲线、文字等矢量对象，不能应用于位图对象。

步骤 02 松开鼠标即可看到立体化效果，如下左图所示。若要更改立体化的大小，可以拖曳箭头前面位置的☒标记，进行更改，如下右图所示。

7.9.2 编辑立体化效果

单击工具箱中的立体化工具按钮☑，在属性栏中可以进行立体对象深度的设置，还可以改变对象灭点的位置，设置立体的方向、立体效果的颜色，或为立体对象添加光照效果，强化立体感，如下图所示。

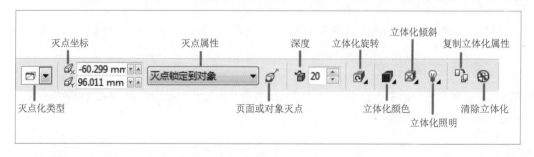

- **立体化类型**：选择对象，在"立体化工具"属性栏中单击"立体化类型"下三角按钮，如下左图所示。在弹出的下拉列表中选择一种预设的立体化类型，各种类型效果如下右图所示。

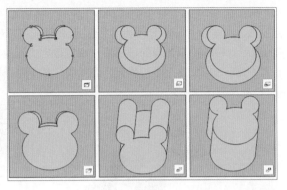

● **灭点坐标和灭点属性**：灭点是一个设想的点，它在对象后面的无限远处，当对象向消失点变化时，就产生了透视感。在属性栏中的"灭点坐标"数值框内键入数值，可以对灭点的位置进行一定的设置，单击属性栏中的"灭点属性"下拉按钮，选择立体化对象的属性，如右图所示。

● **深度** ：在属性栏中的"深度"数值框内输入数值，可设置立体化对象的深度。下左图是"深度"值为20的效果；下右图是"深度"值为50的效果。

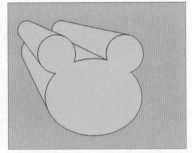

● **立体化旋转** ：在立体化工具属性栏中单击"立体化旋转"按钮 ，将鼠标指针移至弹出的下拉面板中，按住左键进行旋转，如右图所示。

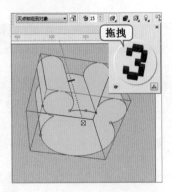

● **立体化颜色** ：创建立体化效果后，若对象应用了填充色，则呈现的其它立面效果将与该颜色呈对应色调。如果要调整立体化对象的颜色，可单击属性栏中的"立体化颜色"按钮 ，在弹出的设置面板中可以设置"使用对象填充"、"使用纯色"和"使用递减的颜色"三种效果。下左图为"使用对象填充"的效果；下中图为"使用纯色"的效果；下右图为"使用递减的颜色"效果。

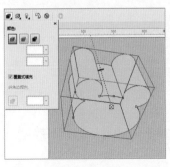
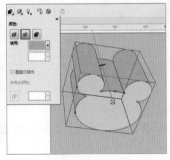
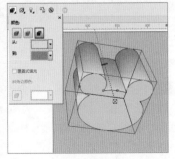

● **立体化照明**：单击属性栏中的"立体化照明"按钮，在弹出的照明选项面板左侧可以看到三个"灯泡"按钮，表示有三盏可以使用的灯光。按钮按下表示启用，按钮未按下表示未启用，如下左图所示。按下某个光源的按钮后，相应数字的光源会出现在物体对象的右上角，按住数字并移动到网格的其他位置，即可改变光源角度，如下左图所示。拖动"强度"滑块，可以调整光照的强度，如下右图所示。

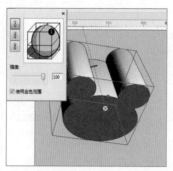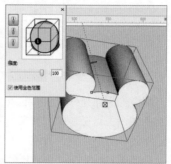

提示 为立体化对象添加了光源照射效果后，可单击属性栏中的"立体化侧斜"按钮，在弹出的选项面板中勾选"使用斜角修饰边"和"只显示斜角修饰边"复选框，下左图为勾选"使用斜角修饰边"复选框的效果。下右图为同时勾选"使用斜角修饰边"和"只显示斜角修饰边"复选框的效果。

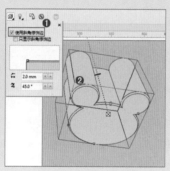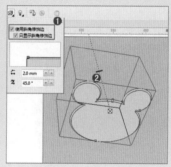

案例项目：使用立体化工具制作清爽3D艺术字

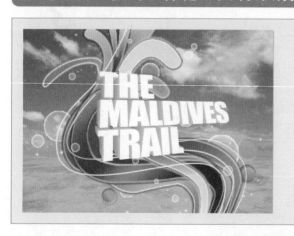

案例文件

使用立体化制作清爽3D艺术字.cdr

视频教学

使用立体化制作清爽3D艺术字.flv

步骤01 执行"文件>新建"命令，在弹出的"创建新文档"对话框中设置"大小"为A4，然后单击"横向"按钮，设置"原色模式"为RGB，"渲染分辨率"为300，单击"确定"按钮进行文档创建，如下左图所示，执行"文件>导入"命令，在弹出的"导入"对话框中选择素材1.jpg，然后调整其大小和位置，效果如下右图所示。

中文版CorelDRAW X7艺术设计精粹案例教程

步骤02 单击工具箱中的文本工具按钮，在图中单击并输入相应文字。然后在属性栏中设置合适的字体、字号，并将文字填充为白色，去掉轮廓，如下左图所示。单击工具箱中立体化工具按钮，在文字上按住鼠标左键并向左拖曳，如下右图所示。

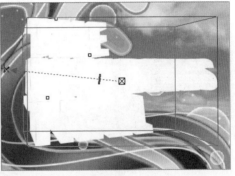

步骤03 在属性栏中将深度数值设置为20，立体化颜色改为"使用递减的颜色"，在颜色选项中将"立体色纯色/阴影"的颜色改为冰蓝色，将"投影色到立体色"改为柔和蓝，如下左图所示。制作完之后整体效果，如下右图所示。

7.10 透明度工具

　　使用透明度工具可以用于两个相互重叠的图形中，通过对上层图形透明度的设定，来显示下层图形。首先选中一个对象，单击工具箱中的透明度工具按钮，在属性栏中选择透明度的类型：无透明度，均匀透明度，渐变透明度，向量图样透明度，位图图样透明度，双色图样透明度。在合并模式列表中选择矢量图形与下层对象颜色调和的方式，如下左图所示。下右图为设置图形的"透明度"为60的效果。

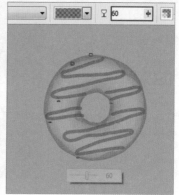

7.10.1　均匀透明度

　　选择一个对象，在工具箱中单击透明度工具按钮 [图]。在属性栏中单击"均匀透明度"按钮 [图]，然后可以在"透明度" [图] 数值框中设置数值，数值越大对象越透明，如下左图所示。也可以单击"透明度挑选器" [图] 下三角按钮，选择一个预设透明效果，如下右图所示。

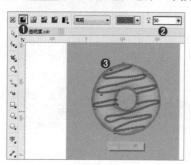
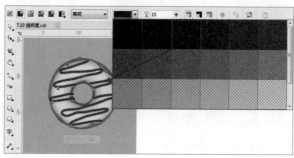

- ●**"全部"** [图]：单击"全部"按钮，可以设置整个对象的透明度。
- ●**"填充"** [图]：单击"填充"按钮，只设置填充部分的透明度。
- ●**"轮廓"** [图]：单击"轮廓"按钮，只设置轮廓部分的透明度。

7.10.2　渐变透明度

　　渐变透明度可以为对象应用带有渐变感的透明效果。选中对象，单击属性栏中的"渐变透明度" [图] 按钮。在属性栏中提供四种渐变模式，默认的渐变模式为"线性渐变透明度"，如下左图所示。渐变模式有"线性渐变透明度" [图]、"椭圆形渐变透明度" [图]、"锥形渐变透明度" [图] 和"矩形渐变透明度" [图] 四种，四种渐变模式的效果如下右图所示。

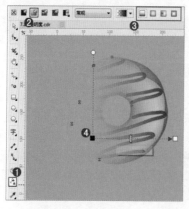
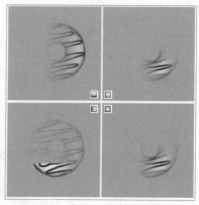

7.10.3　向量图样透明度

　　向量图样透明度█可以按照图样的黑白关系创建透明效果，图样中黑色的部分为透明，白色部分为不透明，灰色区域按照明度产生透明效果。选择画面中的内容，单击工具箱中的透明度工具按钮█，然后单击属性栏中的"向量图样透明度"按钮█后，单击"透明度挑选器"█▼下三角按钮，在弹出的下拉列表中，选择左侧菜单列表中的一项，然后在右侧的图样上单击，弹出图样的详情页面，单击█按钮，即可为当前对象应用图样，对象表面按图样的黑白关系产生了透明效果，接着还可以通过调整透明度效果控制框来调整图案排列的形态，例如拖曳◇来调整图案位置，拖曳◯来调整图样填充的角度，拖曳▢来调整图案的缩放比例，如下右图所示。

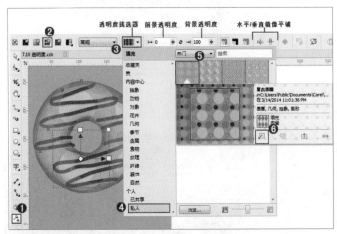
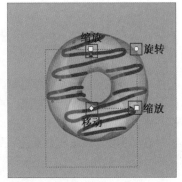

- **前景透明度**：设置图样中白色区域的透明度。
- **背景透明度**：设置图样中黑色区域的透明度。
- **水平镜像平铺**：将图样进行水平方向的对称镜像。
- **垂直镜像平铺**：将图样进行垂直方向的对称镜像。

7.10.4　位图图样透明度

　　位图图样透明度可以利用计算机中的位图图像参与透明度的制作，对象的透明度仍然由位图图像上的黑白关系来控制。

　　首先选中对象，单击工具箱中的透明度工具按钮█，单击属性栏中的"位图图样透明度"█按钮，然后单击"透明度挑选器"█▼下三角按钮，在下拉菜单中的选择左侧菜单列表中的一项，然后在右侧的图样上单击，弹出图样的详情页面，单击█按钮，即可为当前对象应用图样，如下左图所示。

　　也可以将外部的位图作为图样，单击"透明度挑选器"█▼下三角按钮，单击下拉菜单底部的"浏览"按钮，在弹出的"打开"对话框中设置想要打开的图像格式，例如这里选择了JPG格式，选择一个位图图像，单击"打开"按钮。所选对象表面出现了以图像的黑白关系映射得到的透明度效果，如下右图所示。

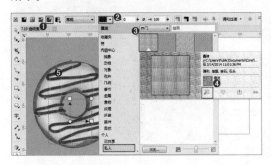
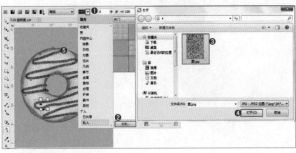

7.10.5　双色图样透明度

双色图样透明度是以所选图样的黑白关系控制对象透明度，黑色区域为透明，白色区域为不透明。选中对象，单击属性栏中的"双色图样透明度"按钮▣，接着单击"透明度挑选器"下三角按钮▣▼，在下拉列表中选择一个图样，对象也随之发生变化，如右图所示。

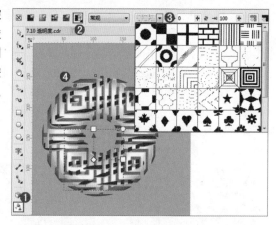

7.10.6　底纹透明度

长按"双色图样透明度"按钮▣，即可在隐藏菜单中找到"底纹透明度"选项▣，单击该按钮，然后在"底纹库"列表中选择合适的底纹效果，接着单击"透明度挑选器"按钮▣▼，在弹出的窗口中选择一种合适的底纹，如右图所示。

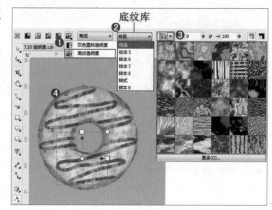

7.11　斜角效果

斜角效果可以制作出边缘倾斜的效果，但是这个效果只能应用于矢量对象。斜角效果有两种样式，分别是"柔和边缘"和"浮雕"。

选择一个闭合的并且具有填充颜色的对象，如下左图所示。执行"效果>斜角"命令，打开"斜角"泊坞窗，在这里可以进行斜角样式、偏移、阴影、光源等参数设置，如下中图所示。设置完成后单击"应用"按钮，效果如下右图所示。

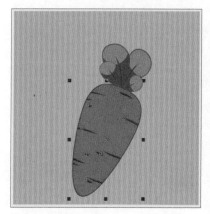
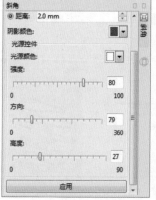
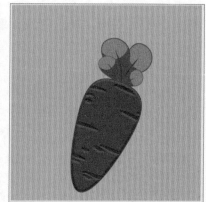

中文版CorelDRAW X7艺术设计精粹案例教程

● **样式**：在"斜角"样式列表中可以进行选择，选择"柔和边缘"选项，则可以创建某些区域显示为阴影的斜面，效果如下左图所示；选择"浮雕"选项，则可以使对象有浮雕效果，效果如下右图所示。

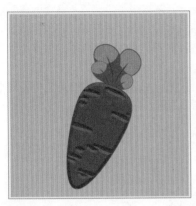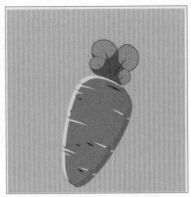

● **斜角偏移**：选择"到中心"选项，可在对象中部创建斜面；选择"距离"选项，则可以指定斜面的宽度，并在距离框中键入一个值。
● **阴影颜色**：想要更改阴影斜面的颜色可以从阴影颜色挑选器中选择一种颜色，下图为"阴影颜色"为蓝色的效果。

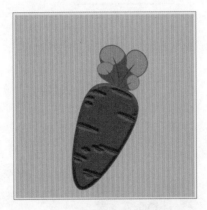

● **光源颜色**：想要选择聚光灯颜色，可以从光源颜色挑选器中选择一种颜色。下图光源颜色为绿色的效果。

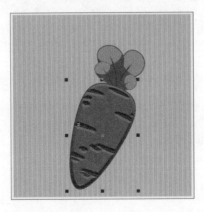

● **强度**：移动强度滑块可以更改聚光灯的强度。
● **方向**：移动方向滑块可以指定聚光灯的高度，方向的值范围为 0°到 360°。
● **高度**：移动高度滑块可以指定聚光灯的高度位置，高度值范围为 0°到 90°。

7.12 透镜效果

透镜效果是通过改变对象外观或改变观察透镜下对象的方式，所取得的特殊效果。若要制作"透镜"效果需要所选对象有两个部分：一个是用作"透镜"并被赋予"透镜"命令的矢量闭合图形，另一个是在"透镜"下方被改变观察效果的矢量图形/位图对象。虽然"透镜"效果改变观察方式，但它并不会改变对象本身的属性。在CorelDRAW中为用户提供了很多种透镜，每种透镜所产生的效果也不相同，但添加透镜效果的操作步骤却基本相同。

步骤 01 首先选择一个矢量图形对象，如下左图所示。执行"效果>透镜"命令，在"透镜"泊坞窗中选择所需透镜效果，在效果下拉列表中为对象选择相应的透镜效果，如下中图所示。各种透镜效果如下右图所示。

提示 "透镜"命令不能应用于添加了立体化、轮廓图、交互式调和效果的对象上。

步骤 02 在"透镜"泊坞窗中勾选"冻结"复选框，如下左图所示，可以冻结对象与背景间的相交区域，如下中图所示。冻结对象后移动对象到其他位置，可看见冻结后的对象效果，如下右图所示。

提示 在"透镜"泊坞窗中勾选"视点"复选框，单击"编辑"按钮，可以在冻结对象的基础上对相交区域单独进行透镜编辑，单击"结束"按钮，结束编辑。
在"透镜"泊坞窗中勾选"移除表面"复选框，可以查看对象的重叠区域，被透镜所覆盖的区域是不可见的。
在"透镜"泊坞窗中单击"解锁"按钮，在未解锁的状态下面板中的命令将直接应用到对象中。而单击解锁按钮后，需要单击"应用"按钮才能将命令应用到对象上。

7.13 添加透视效果

透视效果可以将图形进行变形，制作出透视的效果。选中需要编辑的对象，然后执行"效果>添加透视"命令。此时对象四周将会出现控制点，如下左图所示。在对象上的矩形控制框四个节点上单击左键并进行移动，可以调整其透视效果，如下右图所示。

中文版CorelDRAW X7艺术设计精粹案例教程

 知识延伸：效果的管理

　　当我们为对象使用了"阴影"、"轮廓图"、"调和"、"变形"、"封套"、"立体化"、"透明度"等效果后，原始对象表面会出现一定的变化，这些变化的效果可以进行复制、清除操作。除此之外，还可以对效果进行拆分，使之分离成独立对象。

1. 清除效果

　　选中带有效果的对象，单击属性栏中单击"清除效果"按钮 ，如下左图所示。对象的效果会被去除，下右图为清除投影的效果。

2. 复制效果

　　"阴影"、"轮廓图"、"调和"、"变形"、"封套"、"立体化"、"透明度"这些效果可以通过"复制效果"操作轻松地复制给其他对象。接下来就以复制投影效果来讲解该操作。在使用投影工具的状态下，选中需要复制效果的图形（右侧小羊），单击属性栏中的"复制属性"按钮，将光标移动到被复制效果的效果处（左侧小羊的阴影处），如下左图所示。接着单击鼠标左键即可复制效果，如下右图所示。

3. 克隆效果

使用"克隆效果"可以将一个对象的效果快速应用到另一个对象上，但复制得到的效果会受到样本对象的影响。选中需要复制效果的图形（右侧小羊），执行"效果>克隆效果>阴影自"命令，将光标移动到被复制效果的效果处（左侧小羊的阴影处），如下左图所示。接着单击鼠标左键，即可为右侧小羊复制投影效果，如下右图所示。

4. 拆分效果

拆分效果群组可以将对象主体和效果分为两个独立部分。下面以拆分阴影为例来讲解拆分效果，在图形阴影的位置单击，选中该对象，如下左图所示。执行"对象>拆分阴影群组"命令，此时阴影和主体就被分为两个部分，可以进行单独的调整，如下右图所示。

 ## 上机实训：使用效果制作简洁版式

案例文件

使用效果制作简洁版式.cdr

视频教学

使用效果制作简洁版式.flv

步骤 01 执行"文件>新建"命令，为新文档设置"大小"为A4，方向为"纵向，"设置"原色模式"为RGB，"渲染分辨率"为300，单击"确定"按钮。执行"文件>导入"命令，在弹出的"导入"对话框中选择素材1.png，然后调整其大小和位置，效果如下图所示。

步骤 03 单击工具箱中的文本工具按钮，在图中单击鼠标左键建立起始点，然后在属性栏中设置为合适的字体、字号，并输入相应文字,将文字填充为白色，如下图所示。

步骤 05 选中文字，在工具箱中单击透明度工具按钮，在属性栏中设置透明度类型为"均匀透明度"，将透明度数值设置为50，效果如下图所示。

步骤 02 执行"效果>调整>取消饱和度"命令，效果如下图所示。

步骤 04 再次单击文字，文字四周会出现旋转点，在文字四角的旋转点处按住鼠标左键进行拖曳，在适当的位置松开鼠标，如下图所示。

步骤 06 使用同样方法键入其他文字，如下图所示。

步骤 07 单击工具箱中的钢笔工具按钮，在画面右侧绘制出一个三角形，将三角形填充为蓝色，如下图所示。

步骤 08 在工具箱中单击透明度工具按钮，在属性栏中选择透明度类型为"均匀透明度"，将透明度数值设置为50，将"合并模式"设置为"颜色"，效果如下图所示。

步骤 09 使用同样方法制作出另一个不规则图形，多次使用"置于下一层"快捷键Ctrl+Page-Down，将其置于文字下方，如下图所示。

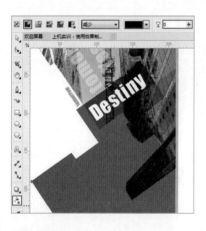

步骤 10 单击工具箱中的文本工具按钮，按住鼠标左键拖曳出一个文本框。再次单击文本框，文本框四周会出现旋转点，在旋转点上按住鼠标左键进行拖曳，将文本框进行旋转，如下图所示。

步骤 11 在文本框里面键入文字，将其全选设置合适的字体、字号，设置"文本对齐"类型为"全部调整"，将其填充为白色，如下图所示。

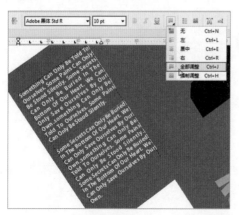

步骤 12 同样的方法制作另外一组段落文字，效果如下图所示。

课后练习

1. 选择题

(1) 使用工具箱中的变形工具不能制作出以下哪种变形效果? _____

    A. 推拉变形   B. 拉链变形

    C. 自由变形   D. 扭曲变形

(2) 以下哪种是轮廓工具制作不出来的轮廓偏移效果? _____

    A. 中心   B. 内部轮廓

    C. 外部轮廓   D. 自定义轮廓

(3) 当设置"立体化颜色"时,以下哪种方法是不正确的? _____

    A. 使用透明度填充   B. 使用对象填充

    C. 使用纯色   D. 使用递减的颜色

2. 填空题

(1) 使用_____命令,可以通过改变不同颜色通道的数值来改变图形的色调。

(2) _____工具是将需要变形的对象置入"外框"中,通过编辑封套外框的形状来调整其影响对象的效果,使其依照封套外框的形状产生变形。

(3) 通过设置"调和方法"可以改变调和对象的光谱色彩,有_____、_____和_____三种调和方法。

3. 上机题

本案例利用钢笔工具绘制海报中的几何图形,并利用透明度工具制作出半透明效果,并且与位图素材产生颜色混合的画面效果。

本章概述

本章主要讲解"位图"菜单中命令的使用方法，"位图"菜单中的命令主要是对文档中的位图对象进行颜色模式的设置、色调的调整以及效果的设置，但其中部分命令也可以用于矢量对象。

核心知识点

① 位图与矢量图的相互转换
② 掌握利用图像调整实验室进行位图调色的方法
③ 掌握位图效果的使用方法

8.1 将矢量图形转换为位图

在CorelDRAW中，我们可以将矢量图形可以转换为位图，以便于进行一些特定的操作。选中矢量对象，如下左图所示。执行"位图>转换为位图"命令，在弹出的"转换为位图"对话框中可以进行"分辨率"和"颜色模式"的设置，如下中图所示。单击"确定"按钮，即可将矢量图形转换为位图对象，如下右图所示。

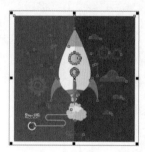  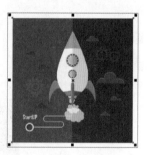

- **分辨率**：在下拉列表中可以选择一种所需分辨率选项，分辨率越高转换为位图后的清晰度越大，文件所占内存也越多。
- **颜色模式**：在"颜色模式"下拉菜单中选择转换的色彩模式。
- **光滑处理**：勾选"光滑处理"复选框，可以防止在转换成位图后出现锯齿。
- **透明背景**：勾选"透明背景"复选框，可以在转换成位图后保留原对象的通透性。

8.2 "自动调整"命令

选择位图对象，如下左图所示。执行"位图>自动调整"命令，无需参数设置即可快速调整位图的颜色和对比度，使位图的色彩更加明确，效果如下右图所示。

8.3 "图像调整实验室"命令

选择位图对象，如下左图所示。执行"位图>图像调整实验室"命令，打开"图像调整实验室"对话框，在该对话框中可以通过对温度、饱和度、亮度、对比度等参数的设置，调整图像的颜色。拖动各项滑块调整参数，画面效果也会随之发生变化。调整完成后单击"确定"按钮结束操作，如下右图所示。

- **温度**：通过增强图像中颜色的"暖色"或"冷色"来校正画面的色温。数值越大，画面越"冷"，如下左图所示；数值越小，画面越"暖"，如下右图所示。

- **淡色**：增加图像中绿色或洋红的比例来调整图像。将滑块向右侧移动来添加绿色，如下左图所示；将滑块向左侧移动来添加洋红，如下右图所示。

- **饱和度**：用于调整颜色的鲜明程度。滑块向右侧移动提高图像中颜色鲜明程度，如下左图所示；滑块向左侧移动可以降低颜色的鲜明程度，如下右图所示。

位图的编辑与效果

183

● **亮度**：调整图像的明暗程度。数值越大画面越亮，如下左图所示；数值越小画面越暗，如下右图所示。

● **对比度**：用于增加或减少图像中暗色区域和明亮区域之间的色调差异。向右移动滑块增大图像对比度，如下左图所示；向左移动滑块可以降低图像对比度，如下右图所示。

● **高光**：用于控制图像中最亮区域的亮度。向右移动滑块，增大高光区的亮度，如下左图所示；向左调整降低高光区的亮度，如下右图所示。

● **阴影**：调整图像中最暗区域的亮度。向右移动滑块，增大阴影区的亮度，如下左图所示；向左调整降低阴影区的亮度，如下右图所示。

● **中间色调**：调整图像内中间范围色调的亮度。向右移动滑块，增大中间色调的亮度，如下左图所示；向左调整降低中间色调的亮度，如下右图所示。

8.4 矫正图像

　　矫正图像功能可用于调整位图的镜头畸变、角度以及透视问题。选择一个位图图像，执行"位图>矫正图像"命令，在"矫正图像"对话框右侧可以进行参数设置，调整后单击"确定"按钮完成图像的矫正，如下右图所示。在窗口顶部提供了几个快捷的工具：顺/逆时针旋转图像的工具和多种调整画面显示的工具，如下右图所示。

 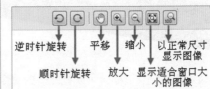

● **更正镜头畸变**：向左移动滑块可以矫正桶形畸变，如下左图所示；向右移动滑块，可以矫正枕形畸变，如下右图所示。

● **旋转图像**：向左移动滑块可以使图像逆时针旋转（最大15度角），如下左图所示；向右移动滑块可以使图像顺时针旋转（最大15度角），如下右图所示。单击◙按钮，可以将图像逆时针旋转90度，单击◙按钮，可以使图像顺时针旋转90度。

● **垂直透视**：移动滑块可以使图像产生垂直方向的透视效果，如下图所示。

● **水平透视**：移动滑块可以使图像产生水平方向的透视效果，如下图所示。

● **裁剪图像**：勾选该复选框，可以将旋转的图像进行修剪以保持原始图像的纵横比。取消勾选该复选框，将不会删除图像中的任何部分。

● **裁剪并重新取样为原始大小**：勾选"裁剪图像"复选框后，即可启用"裁剪并重新取样为原始大小"复选框，对旋转的图像进行修剪，然后重新调整其大小以恢复原始的高度和宽度。

8.5 编辑位图

　　CorelDRAW是一款以矢量绘图著称的软件，想要对位图进行精细的编辑操作。可以执行"位图>编辑位图"命令，在打开的Corel PHOTO-PAINT X7操作界面中，进行非常丰富的位图编辑操作，如下右图所示。

8.6 裁剪位图

在Coreldraw中不仅可以使用裁剪工具对位图进行规则的裁剪，还可以应用"裁剪位图"命令进行不规则的裁剪。首先选中位图，如下左图所示。单击工具箱中的形状工具按钮 ，对位图进行调整，如下中图所示。调整完成后执行"位图>裁剪位图"命令，即可将原图多余的部分去除，如下右图所示。

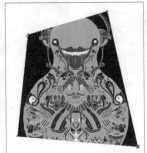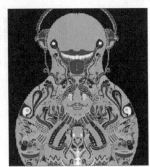

位图的编辑与效果

8.7 重新取样

"重新取样"命令可以改变位图的大小和分辨率。选中位图，如下左图所示。执行"位图>重新取样"命令，在弹出的"重新取样"对话框中设置新的图像以及分辨率大小，如下中图所示。单击"确定"按钮结束操作，此时图像的大小发生了变化，如下右图所示。

8.8 位图颜色模式

位图有多种颜色模式可供选择，不同的颜色模式在显示效果上也有所不同，选中一个位图，执行"位图>模式"命令，在子菜单中可以进行颜色模式的选择，如下左图所示。同一图像不同的颜色模式，画面效果也会有所不同，这是因为在图像的转换过程中可能会扔掉部分颜色信息。不同颜色模式对比效果如下右图所示。

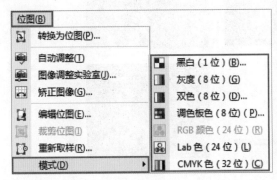

8.8.1 "黑白"模式

　　"黑白"模式是一种只有黑白两个颜色组成的模式，这种模式没有层次上的变化。首先选择一个位图图像，然后执行"位图>模式>黑白"命令，在弹出的对话框中设置合适的"转换方法"后，设置相应的参数，可以得到多种黑白模式的图像效果，如下右图所示。

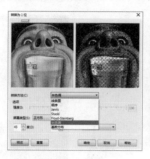
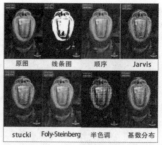

8.8.2 "灰度"模式

　　"灰度"模式是一种不具有颜色信息的模式，是由255个级别的灰度形成的图像模式。选择一个彩色位图图像，如下左图所示。执行"位图>模式>灰度"命令，转换为灰度模式的位图将丢失色彩并不可恢复，如下右图所示。

8.8.3 "双色"模式

　　"双色"模式是利用两种及两种以上颜色混合而成的色彩模式。选择位图图像，执行"位图>模式>双色"命令，在"类型"下拉菜单中选择一种转换类型。在"双色调"对话框右侧会显示表示整个转换过程中使用的动态色调曲线，调整曲线形状可以自由地控制添加到图像中色调的颜色和强度，如下左图所示。完成设置单击"确定"按钮结束操作，多种效果对比如下右图所示。

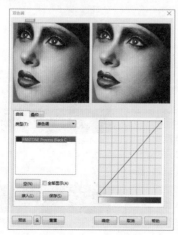
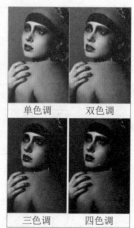

8.8.4　调色板颜色模式

　　调色板颜色模式也称为索引颜色模式。将图像转换为调色板颜色模式时，系统会给每个像素分配一个固定的颜色值。这些颜色值存储在简洁的颜色表中，或包含在多达 256 色的调色板中。因此，调色板颜色模式的图像包含的数据比24位颜色模式的图像少，文件大小也较小。对于颜色范围有限的图像，将其转换为调色板颜色模式时效果最佳。选择位图图像，如下左图所示。执行"位图>模式>调色板色"命令，在打开的"转换至调色板色"对话框中，单击"预览"按钮，进行设置完图像的预览，如下右图所示。

- **平滑**：拖曳"平滑"滑块，可以调整图像的平滑度，使图像看起来更加细腻真实。
- **调色板**：单击"调色板"下三角按钮，选择一种调色板样式。
- **递色处理的**：可以增加颜色的信息，它可以将像素与某些特定的颜色或相对于某种特定颜色的其他像素放在一起，将一种色彩像素与另一种色彩像素关联，可以创建调色板上不存在的附加颜色。
- **抵色强度**：调节图片的粗糙细腻程度。
- **颜色**：转换为调色板模式的颜色数目。

8.8.5　RGB颜色

　　执行"位图>模式>RGB颜色"命令，即可将图像模式转换为RGB颜色，该命令没有参数设置。RGB颜色是最常用的位图颜色模式，是以红、绿、蓝三种基本色为基础，进行不同程度的叠加。

8.8.6　Lab色

　　执行"位图>模式>Lab色"命令，可将图像切换为Lab颜色模式,该命令没有参数设置。Lab模式由3个通道组成：一个通道是透明度，即L；其他两个是色彩通道，分别用a和b表示色相和饱和度。Lab模式分开了图像的亮度与色彩，是一种国际色彩标准模式。

8.8.7　CMYK色

　　执行"位图>模式>CMYK色"命令，该命令没有参数设置，图像可以直接被转换为CMYK颜色模式。CMYK色是一种印刷常用的颜色模式，是一种减色彩模式。CMYK模式下的色域略小于RGB颜色，所以RGB模式图像转换为CMYK后会产生色感降低的情况。

8.9　位图边框扩充

　　位图边框扩充功能可以为位图添加边框。"位图边框扩充"命令子菜单中包括"自动扩充位图边框"与"手动扩充位图边框"。选中位图，如下左图所示。然后执行"位图>位图边框扩充"命令，我们可以在子菜单中选择不同的选项。选择"自动扩充位图边框"命令时，CorelDRAW会自动为位图添加边框。而选择"手动扩充位图边框"命令时，可以在打开的"位图边框扩充"对话框中，手动调节边框的大小，如下中图所示。为图像添加不同大小的边框。如下右图所示。

8.10　位图颜色遮罩

　　"位图颜色遮罩"命令可以隐藏或显示位图指定的颜色。选择一个位图，如下左图所示。执行"位图>位图颜色遮罩"命令。在打开的"位图颜色遮罩"泊坞窗中选择"隐藏颜色"或"显示颜色"单选按钮，然后单击"颜色选择"按钮 ，在图像中需要应用遮罩的地方单击吸取颜色。拖动"容限"滑块进行容限数值的设置。单击"应用"按钮即可应用颜色遮罩，如下中图所示。被选中的颜色部分被隐藏了，如下右图所示。

 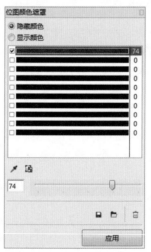 

- **隐藏颜色/显示颜色**：用来设置选择的颜色是用于隐藏还是显示。
- **颜色选择**：单击该按钮，在图像中需要应用遮罩的地方单击吸取颜色（可以同时对一张位图图像使用多个颜色遮罩）。
- **容限**：拖动"容限"滑块进行容限数值的设置，数值越大所选择颜色的范围越大。
- **移除遮罩**：当位图图像应用了颜色遮罩后，若想查看原图效果，可以单击"移除遮罩"按钮 ，此时图像恢复到应用颜色遮罩前的效果。
- **应用**：单击"应用"按钮即可应用颜色遮罩，被选中的颜色部分将会被显示或隐藏。

提示 "位图颜色遮罩"命令常用于在文档中添加位图素材时，对于位图素材的"去背"操作。例如我们需要在海报中添加一个产品的照片，那么我们则可以利用该功能去除在纯色背景下拍摄的产品照片的背景，使之融入到画面中。

中文版CorelDRAW X7艺术设计精粹案例教程

190

8.11 链接位图

当我们执行"文件>导入"命令,在打开的"导入"对话框中选择一个位图对象,单击"导入"按钮右侧的下拉箭头,选择"导入为外部链接的图像"命令,如下左图所示。位图将以链接的形式出现在文档中,如下中图和下右图所示。

 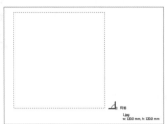 

"链接"的位图如果改变位图素材的路径或者名称,文档中的位图显示则可能会发生错误,但是相对于"嵌入"模式,"链接"模式不会为文件增加过多的负担。执行"位图>中断链接"命令,可以使位图断开链接,使对象以嵌入的方式呈现在文件中。如果原始文件发生了更改,执行"位图>自链接更新"命令,文档中链接的对象也会发生相应的变化。

8.12 将位图描摹为矢量图

"描摹"功能可以将位图转换为矢量对象。在CorelDRAW中有多种描摹方式,而且不同的描摹方式包含多种不同的效果。

8.12.1 快速描摹

"快速描摹"命令无需参数设置,就可以将当前位图转换为矢量图。选中位图,如下左图所示。执行"位图>快速描摹"命令,可以将位图转换为系统默认参数的矢量图像,如下中图所示。转换为矢量图后执行"取消组合对象"操作,可对节点与路径进行编辑,如下右图所示。

8.12.2 中心线描摹

"中心描摹"命令子菜单中包含"技术图解"和"线条画"两种选项类型,在中心线描摹命令中,可以更加精确地调整转换参数,以满足用户不同的创作需求。

执行"位图>中心描摹>技术图解"命令,在弹出的PowerTRACE对话框中分别对"描摹类型"、"图像类型"和"设置"参数进行选择和设置,完成调整单击"确定"按钮结束操作,如下左图所示。

"线条画"命令与"技术图解"命令用法相同,执行"位图>中心线描摹>线条画"命令,也可以打开PowerTRACE对话框,进行相应的参数设置后,单击"确定"按钮结束操作,如下右图所示。

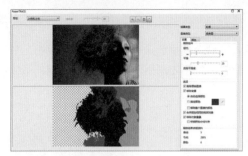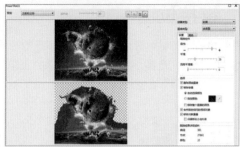

- **描摹类型**：在下拉列表中选择一种描摹类型，从而更改描摹方式。
- **图像类型**：在下拉列表中选择一种预设样式，对图像预设样式进行更改。
- **细节**：可以控制描摹结果中保留的原始细节量。值越大，保留的细节就越多，对象和颜色的数量也就越多；值越小，某些细节会被抛弃，对象数也就越少。
- **平滑**：可以平滑描摹结果中的曲线及控制节点数。值越大，节点就越少，所产生的曲线与源位图中的线条就越不接近。值越小，节点就越多，产生的描摹结果就越精确。
- **拐角平滑度**：该滑块与平滑滑块一起使用可以控制拐角的外观。值越小，则保留拐角外观；值越大，则平滑拐角。
- **删除原始图像**：想要在描摹后保留源位图，需要在"选项"区域中，取消勾选"删除原始图像"复选框。
- **移除背景**：在描摹结果中放弃或保留背景，可以启用或禁用"移除背景"复选框。想要指定移除的背景颜色，选择"指定颜色"单选按钮，单击"滴管工具"按钮，然后单击预览窗口中的一种颜色。要指定要移除的其他背景颜色，则按住Shift键，然后单击预览窗口中的一种颜色。指定的颜色将显示在滴管工具的旁边。
- **移除整个图像的颜色**：想要从整个图像中移除背景颜色（轮廓描摹），需勾选"移除整个图像的颜色"复选框。
- **移除对象重叠**：想要保留通过重叠对象隐藏的对象区域（轮廓描摹），需取消勾选"移除对象重叠"复选框。
- **根据颜色分组对象**：想要根据颜色分组对象（轮廓描摹），需要勾选"根据颜色分组对象"复选框。该复选框需在取消勾选"当禁用移除对象重叠"复选框后才可使用。

8.12.3　轮廓描摹

"轮廓描摹"可以将位图快速转换为不同效果的矢量图。"轮廓描摹"子菜单中包含"线条图"、"徽标"、"详细徽标"、"剪贴画"、"低品质图像"和"高质量图像"几种命令效果。

首先选择位图，然后执行"位图>轮廓描摹"命令，在"轮廓描摹"子菜单中执行某一项命令，在弹出的对话框中可对相应的参数进行设置。也可以在PowerTRACE对话框中的"图像类型"下拉列表中选择需要的类型，如下左图所示。设置完毕后单击"确定"按钮结束操作，下右图为原图与不同效果的对比图。

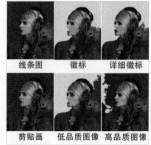

案例项目：使用图像描摹功能制作欧美风格海报

案例文件

图像描摹制作欧美风格海报.cdr

视频教学

图像描摹制作欧美风格海报.flv

步骤 01 执行"文件>新建"命令，创建一个A4大小的竖版文档。执行"文件>导入"命令，在弹出的"导入"对话框中背景素材1.jpg，然后调整其大小和位置，效果如下左图所示。使用同样的方法将人物素材2.jpg和前景素材3.png素材导入画面中，如下右图所示。

步骤 02 选中人物素材，在属性栏中单击"描摹位图"按钮，选择"轮廓描摹>高质量图像"选项。在弹出的对话框中将描摹类型设置为"轮廓"、图像类型设置为"高质量图像"、"平滑"值设置为25，单击"确定"按钮，如下左图所示。描摹完的位图效果如下右图所示。

步骤 03 此时位图照片变为矢量对象，在描摹好的人物素材上单击鼠标右键，选择"取消组合所有对象"命令，如下左图所示。选择人物背景部分，然后按下键盘上的Delete键，将选中的背景删除，如下中图所示。使用同样的方法将人物背景全部删除。选中剩余的人像部分，然后单击鼠标右键，选择"组合所有对象"命令，效果如下右图所示。

步骤 04 接着将人物放在背景图之上，如下左图所示。再将前景素材放在人物之上，最终效果如下右图所示。

8.13　位图效果

位图的"效果"命令集中在"位图"菜单的下半部分，从"三维效果"到"鲜明化"，其中包含很多组位图效果，而且每组中又包含多个效果。

位图的各个效果命令的使用方法基本相同，下面以其中工艺效果的使用为例进行介绍。选择位图对象，如下左图所示。执行"位图>创造性>工艺"命令。在弹出的"工艺"对话框中设置合适的参数。单击左下角的"预览"按钮，可以对调整效果进行预览。单击左上角的◙按钮，可显示出预览区域。当按钮变为◙时，再次单击，可显示出对象设置前后的对比效果。单击左边的◙按钮，可收起预览图。在预览后，如果效果不满意，可以单击"重置"按钮，将恢复对象的原数值，以便重新进行设置，如下中图所示。单击"确定"按钮完成操作，效果如下右图所示。

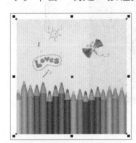
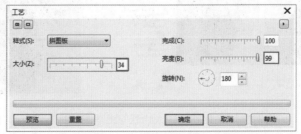

提示 如果想要对矢量图形进行操作，可以选中矢量图形，通过执行"位图>转换为位图"命令，将矢量对象转换为位图对象，之后再进行这些滤镜操作。

8.13.1　三维效果

　　使用三维效果可以使位图图像呈现出三维变换效果，也可以使平面图像在三维空间内旋转。三维的变化可以使图像具有空间上得深度感。首先选中位图，然后执行"位图>三维效果"命令，子菜单中包括"三维旋转"、"柱面"、"浮雕"、"卷页"、"透视"、"挤远/挤近"和"球面"选项，如下左图所示。下右图为位图对象的原始效果。

- **三维旋转：** "三维旋转"效果可以使平面图像在三维空间内进行旋转，产生一定的立体效果。选择位图，执行"位图>三维效果>三维旋转"命令，打开的"三维旋转"对话框，分别在"垂直"和"水平"数值框内键入数值（旋转值为-75~75之间），即可将平面图像进行旋转。设置完成后单击"确定"按钮结束操作，效果如下左图所示。
- **柱面：** 使用"柱面"效果可沿着圆柱体的表面贴上图像，创建出贴图的三维效果，如下中图所示。
- **浮雕：** "浮雕"效果可以通过勾画图像的轮廓和降低周围色值，来产生视觉上的凹陷或负面突出效果。执行"位图>三维效果>浮雕"命令，在打开的"浮雕"对话框中拖动"深度"滑块，或在数值框内键入数值，对浮雕效果的深度进行控制。浮雕层次的数值越大，浮雕的效果也就越明显。单击"其它"右侧的下三角按钮，在颜色下拉菜单中选择所需的颜色，可以使浮雕产生不同的效果，如下右图所示。

- **卷页：** "卷页"效果可以使图像的四个边角形成向内卷曲的效果，如下左图所示。
- **透视：** 使用"透视"效果可以通过调整图像四角的控制点，给位图添加三维透视效果。选择位图对象，执行"位图>三维效果>透视"命令，在打开的"透视"对话框中勾选"类型"选项区域中的"透视"复选框，在左侧单击按住四角的白色节点并进行拖动，位图对象将产生透视效果。如果勾选"类型"选项区域中的"切变"复选框，在左侧单击按住四角的白色节点并进行拖动，位图对象将产生倾斜的效果，如下右图所示。

- **挤远/挤近**："挤远/挤近"命令的运用可以覆盖图像的中心位置，使图像产生或远或近的距离感，效果如下左图所示。
- **球面**："球面"命令的应用可将图像接近中心的像素向各个方向的边缘扩展，且接近边缘的像素可以更紧凑。向右拖动"百分比"是凸出球面，向左移动"百分比"是凹陷球面，效果如下右图所示。

8.13.2　艺术笔触

"艺术笔触"效果是通过对位图进行各种滤镜的处理，将位图塑造出类似绘画的艺术风格。首先选中位图，然后执行"位图>艺术笔触"命令，在弹出的子菜单中我们可以根据需要选择不同的滤镜，为位图添加相应的效果，如下左图所示。位图对象的原始效果如下右图所示。

- **炭笔画**：使用"炭笔画"命令可以制作出类似使用炭笔绘制图像的效果。选择位图对象，执行"位图>艺术笔触>炭笔画"命令，拖动"大小"滑块可以设置画笔的粗细效果；拖动"边缘"滑块可以设置画笔的边缘强度的效果，效果如下左图所示。

- **单色蜡笔画**："单色蜡笔画"命令用于创建单色蜡笔的绘图效果，类似硬铅笔的绘制效果，效果如下中图所示。
- **蜡笔画**："蜡笔画"命令的应用同样可以将图像绘制为蜡笔效果，但是图像的基本颜色不变，且颜色会分散到图像中去，效果如下右图所示。

- **立体派**："立体派"命令可以将相同颜色的像素组成小颜色区域，使图像产生立体派油画风格，效果如下左图所示。
- **印象派**："印象派"命令是模拟油性颜料生成的效果，该命令可以将图像转换为小块的纯色，从而制作出类似印象派作品的效果，如下中图所示。
- **调色刀**："调色刀"命令可以使图像产生类似使用调色刻刀绘制而成的效果。调色刀是模拟使用刻刀替换画笔，使图像中相近的颜色相互融合，减少了细节，从而产生了写意效果，如下右图所示。

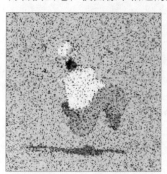  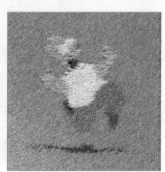

- **彩色蜡笔画**："彩色蜡笔画"命令可将画面中的颜色简化打散，制作出蜡笔绘画的效果，如下左图所示。
- **钢笔画**："钢笔画"命令可以为图像创建钢笔素描绘图的效果，使图像看起来像是使用灰色钢笔和墨水绘制而成的，效果如下中图所示。
- **点彩派**："点彩派"命令是模仿使用墨水点来创建绘画的效果。原理是将位图图像中相邻的颜色融为一个一个的点状色素点，并将这些色素点组合形状，使图像看起来是由大量的色素点组成的，效果如下右图所示。

  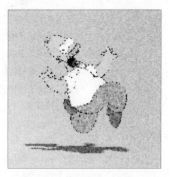

● **木版画**："木版画"命令可以让图像产生类似粗糙彩纸的效果。应用"木版画"命令可以使彩色图像看起来像是由几层彩纸构成，底层包含彩色或白色，上层包含黑色，效果如下左图所示。

● **素描**："素描"命令是模拟石墨或彩色铅笔的素描，使图像产生扫描草稿的效果，如下中图所示。

● **水彩画**："水彩画"命令可以描绘出图像中景物的形状，同时对图像进行简化、混合、渗透调整，使其产生水彩画的效果，如下右图所示。

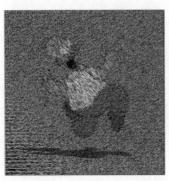

● **水印画**："水印画"命令的应用可以为图像创建水彩斑点绘画的效果，使图像具有水溶性的标记，效果如下左图所示。

● **波纹纸画**："波纹纸画"命令可以使图像看起来像是在粗糙或有纹理的纸张上绘画的效果，如下右图所示。

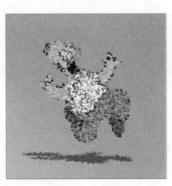

8.13.3 "模糊"效果

在"模糊"效果子菜单中提供了多种不同效果的模糊滤镜，选择合适的模糊效果可以使画面更加别具一格或者更具有动感效果。选中位图，执行"位图>模糊"命令，在其子菜单中提供了多种模糊的滤镜命令，如下左图所示。下面右图为位图对象的原始效果。

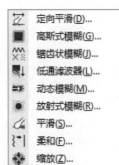

- **定向平滑**："定向平滑"命令可以在图像中添加微小的模糊效果，使图像中的渐变区域平滑且保留边缘细节和纹理。选择位图图像，执行"位图>模糊>定向平滑"命令，在打开的"定向平滑"对话框中拖动"百分比"滑块，可以设置平滑效果的强度，效果如下左图所示。
- **高斯式模糊**："高斯模糊"命令可以根据数值使图像按照高斯分布快速地模糊图像，产生朦胧的效果，效果如下中图所示。
- **锯齿状模糊**："锯齿状模糊"命令可以用来校正图像，去掉图像区域中的小斑点和杂点，效果如下右图所示。

- **低通滤波器**："低通滤波器"命令只针对图像中的某些元素，该命令可以调整图像中尖锐的边角和细节，使图像的模糊效果更加柔和，效果如下左图所示。
- **动态模糊**："动态模糊"命令通过使像素进行某一方向上的线性位移来产生运动模糊，使平面图像具有动态效果，如下中图所示。
- **放射式模糊**："放射式模糊"命令可以使图像产生从中心点放射模糊的效果，如下右图所示。

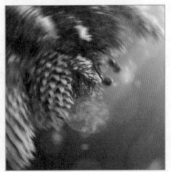

- **平滑**："平滑"命令是一种极为细微的模糊效果，可以减小相邻像素之间的色调差别，使图像产生细微的模糊变化，效果如下左图所示。
- **柔和**："柔和"效果与"平滑"效果非常相似，同样可以使图像产生轻微的模糊变化，而不影响图像中的细节，效果如下右图所示。

- **缩放**："缩放"效果用于创建从中心点逐渐缩放出来的边缘效果，使图像中的像素从中心点向外模糊，离中心点越近，模糊效果越弱，效果如下左图所示。
- **智能模糊**：选择"智能模糊"命令，在打开的"智能模糊"对话框中，可以通过对"数量"滑块的调节，控制图像的模糊程度，如下右图所示。

8.13.4　相机效果

相机效果可以模仿照相机的原理，使图像形成一种平滑的视觉过渡。首先选中位图，然后执行"位图>相机"命令，在子菜单中我们可以通过选择不同的滤镜来为图像添加不同的效果，如下左图所示。下面右图为位图对象的原始效果。

- **着色**："着色"效果是通过调整"色度"与"饱和度"来为位图塑造单色的色调，效果如下左图所示。
- **扩散**：使用"扩散"效果可以使图像形成一种平滑视觉过渡效果。选择位图图像，执行"位图>相机>扩散"命令，在打开的"扩散"对话框中单击并拖动"层次"滑块，或在数值框内键入数值，设置产生扩散的强度，在数值框内键入数值越大，过渡效果也就越明显，效果如下右图所示。

提示　"着色"效果常用于制作黑白图像或具有一定颜色倾向的单色效果图像。

- **照片过滤器**：该命令用于模拟在照相机的镜头前增加彩色滤镜，镜头会自动过滤掉某些暖色或冷色光，从而起到控制图片色温的效果，如下左图所示。
- **棕褐色色调**：为位图添加一种棕褐色色调，效果如下中图所示。
- **延时**：在"延时"对话框中提供了多种便捷的预设效果，选择某一种效果选项，通过更改"强度"数值来调整该效果的强度，如下右图所示。

8.13.5　颜色转换

　　使用"颜色转换"效果组中相应的命令，可以将位图图像模拟成一种胶片印染效果。执行"位图>颜色转换"命令，查看子菜单中相应的效果命令，如下左图所示。下面右图为位图对象的原始效果。

- **位平面**："位平面"命令可将图像中的颜色减少到基本RGB色彩，使用纯色来表现色调，效果如下左图所示。
- **半色调**："半色调"命令用于表现不同色调不同大小的圆点组成的效果，如下右图所示。

- **梦幻色调：**"梦幻色调"命令可以将图像中的颜色转换为明亮的电子色，为图像的原始颜色创建丰富的颜色变化，效果如下左图所示。
- **曝光：**"曝光"命令可以将图像转换为底片效果。在"曝光"对话框中，"层次"值的变动可以改变曝光效果的强度，数值越大，对图像使用的光线也就越强，效果如下右图所示。

8.13.6　轮廓图

使用"轮廓图"效果可以跟踪位图图像边缘及确定其边缘和轮廓，并将图像中剩余的其它部分转化为中间颜色。执行"位图>轮廓图"命令，查看子菜单中的命令，如下左图所示。下面右图为位图对象的原始效果。

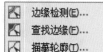

- **边缘检测：**"边缘检测"命令可以检测并将检测到的图像中各个对象的边缘转换为曲线，这种效果通常会产生比其它轮廓更细微的效果，如下左图所示。
- **查找边缘：**该命令能够将查找到的对象边缘转换为柔和或尖锐的曲线，效果如下中图所示。
- **描摹轮廓：**执行"描摹轮廓"命令可以描绘图像的颜色，在图像内部创建轮廓。多用于需要显示高对比度的位图图像，其效果如下右图所示。

提示 "轮廓图"效果组中的"边缘检测"以及"查找边缘"两种效果常用于模拟素描手绘效果。将得到的效果进行去除颜色饱和度的操作即可。

中文版CorelDRAW X7艺术设计精粹案例教程

8.13.7 "创造性"命令

　　"创造性"命令可以将位图转换为各种不同的形状和纹理，不同命令的转换效果也有所不同。执行"位图>创造性"命令，查看子菜单中的命令，如下左图所示。下面右图为位图对象的原始效果。

- **工艺**：该命令实际上就是把拼图板、齿轮、弹珠、糖果等多种独立效果结合在一个界面上，用户可以在"工艺"对话框中的"样式"列表中选择一种工艺类型，再设置一定的参数，从而改变图像的效果，如下左图所示。
- **晶体化**：该命令可以将图像制作成水晶碎片的效果。拖动"大小"滑块可以设置水晶碎片的大小，效果如下中图所示。
- **织物**："织物"命令可以将图像制作成织物底纹效果。织物由"刺绣"、"地毯勾织"、"彩格被子"、"珠帘"、"丝带"和"拼纸"多种独立效果组成。不同的样式所创建的效果也就有所不同，单击"织物"对话框中"样式"下拉按钮，在列表中选择一种样式，效果如下右图所示。

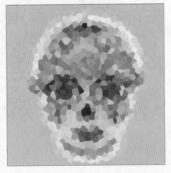
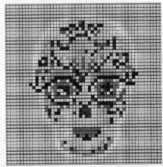

- **框架**："框架"命令用于在位图周围添加框架，使其形成一种类似画框的效果，如下左图所示。
- **玻璃砖**："玻璃砖"命令可以使图像产生透过带花纹的玻璃砖看图像的效果，如下中图所示。
- **儿童游戏**："儿童游戏"命令包括了"圆点图案"、"积木图案"、"手指绘画"和"数字绘画"4种效果。单击"儿童游戏"对话框中的"游戏"下拉按钮，在列表中选择一种样式。不同的样式所创建的效果也就有所不同，设置完成单击"确定"按钮结束操作，效果如下右图所示。

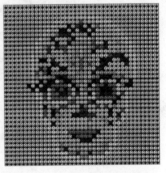

- **马赛克**："马赛克"命令可以将图像分割为若干颜色块，类似为图像平铺了一层马赛克图案效果，如下左图所示。
- **粒子**：该命令可以为图像添加"星星"或"气泡"两种样式的粒子效果，如下中图所示。
- **散开**："散开"命令可以将图像中的像素进行扩散重新排列，从而产生特殊的效果，如下右图所示。

- **茶色玻璃**："茶色玻璃"命令可以在图像上添加一层色彩，产生透过茶色玻璃查看图像的效果，如下左图所示。
- **彩色玻璃**："彩色玻璃"命令的使用可以得到类似晶体化的效果，同时也可以调整玻璃片间焊接处的颜色和宽度，效果如下中图所示。
- **虚光**：该命令可以在图像中添加一个边框，使图像产生朦胧的、类似暗角的效果，如下右图所示。

 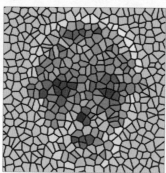 

- **漩涡**：该命令可以使图像绕指定的中心产生旋转效果，如下左图所示。
- **天气**："天气"命令可以通过相应的设置为图像添加"雨"、"雪"或"雾"等自然效果，如下右图所示。

 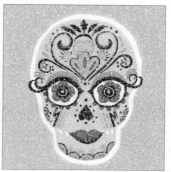

提示 "创造性"效果组中的效果命令都具有与众不同的效果，通过设置不同的参数能够模拟不同的质感，将多个命令累积使用更能够制作出意想不到的效果。

中文版CorelDRAW X7艺术设计精粹案例教程

8.13.8 "自定义"命令

"自定义"命令可以将各种不同的效果应用到图像上。首先选中位图，然后执行"位图>自定义"命令，我们可以在弹出的子菜单中选择Alchemy或者"凹凸贴图"命令来为图像添加相应的效果，下面右图为位图对象的原始效果。

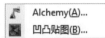

- Alchemy：可以通过笔刷笔触将图像转换为艺术笔绘画，效果如下左图所示。
- 凹凸贴图：可以将底纹与图案添加到图像当中，效果如下右图所示。

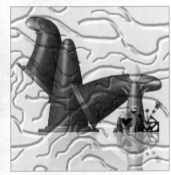

8.13.9 "扭曲"命令

"扭曲"效果可以使用不同的方式对位图图像中的像素表面进行扭曲，使画面产生特殊的变形效果。执行"位图>扭曲"命令，查看子菜单中的命令，如下左图所示。下面右图为位图对象的原始效果。

- **块状：**"块状"命令的运用可以使图像分裂为若干小块，形成类似拼贴的特殊效果，如下左图所示。
- **置换：**"置换"命令可以在两个图像之间评估像素颜色的值，为图像增加反射点，效果如下中图所示。
- **偏移：**"偏移"命令可以按照指定的数值偏移整个图像，将图像切割成小块，然后使用不同的顺序结合起来，效果如下右图所示。

  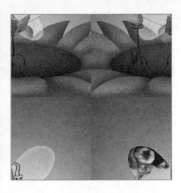

- **像素**："像素"效果是结合并平均相邻像素的值，将图像分割为正方形、矩形或放射状的单元格，效果如下左图所示。
- **龟纹**："龟纹"命令可以使图像产生上下方向的波浪变形图案，效果如下中图所示。
- **旋涡**："旋涡"命令可以使图像按照某个点产生漩涡变形的效果，如下右图所示。

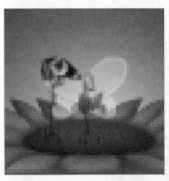 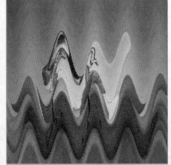 

- **平铺**："平铺"命令多用于大面积背景的制作，该命令可将图像作为图案，平铺在原图像的范围内。
- **湿笔画**："湿笔画"命令可以使图像看起来有颜料流动的效果。

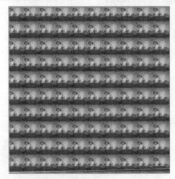

- **涡流**："涡流"命令可以为图像添加流动的旋涡图案效果，使图像映射成一系列盘绕的涡旋。
- **风吹效果**："风吹效果"命令可以为图像制作出物体被风吹动后形成的拉丝效果。

提示 如果想要对绘制的矢量图形应用这些效果，可以对矢量图形执行"位图>转换为位图"命令，之后就可以使用位图效果了。

中文版CorelDRAW X7艺术设计精粹案例教程

8.13.10 "杂点"效果

　　"杂点"效果可以为图像添加像素点或减少图像中的像素点。执行"位图>杂点"命令,查看子菜单中的命令,如下左图所示。下面右图为位图对象的原始效果。

- **添加杂点**: "添加杂点"命令可以为图像添加颗粒状的杂点,效果如下左图所示。
- **最大值**: "最大值"命令用于减少杂色,是根据位图最大值暗色附近的像素颜色修改其颜色值,以匹配周围像素的平均值,效果如下中图所示。
- **中值**: "中值"命令是通过平均图像中像素的颜色值来消除杂点和细节,效果如下右图所示。

- **最小**: "最小"命令可以通过将像素变暗去除图像中的杂点和细节,效果如下左图所示。
- **去除龟纹**: "去除龟纹"命令用于减少杂色。可以去除在扫描的半色调图像中出现的龟纹图案,去除龟纹的同时会去掉更多的图案,同时也会产生更多的模糊效果,效果如下中图所示。
- **去除杂点**: "去除杂点"命令可以去除扫描图像上的网点、视频图像中的杂点,从而使图像变的更为柔和,效果如下右图所示。

提示 "添加杂点"效果可以为图像营造出一种做旧的效果。通常在模拟复古的旧照片效果时,可以将照片的饱和度降低,接着配合"添加杂点"效果可以增强怀旧感。

8.13.11 "鲜明化"效果

"鲜明化"效果的使用可以使图像的边缘更加鲜明，使图像看起来更加清晰，并带来更多的细节。首先选中位图，然后执行"位图>鲜明化"命令，查看子菜单中的命令，如下左图所示。下面右图为位图对象的原始效果。

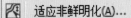
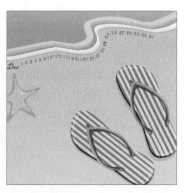

- **适应非鲜明化**："适应非鲜明化"命令可以通过对相邻像素的分析，使图像边缘的细节更加突出，效果如下左图所示。
- **定向柔化**："定向柔化"命令是通过分析图像中边缘部分的像素，来确定柔化效果的方向，通过设置"百分比"数值使图像边缘变得鲜明，效果如下右图所示。

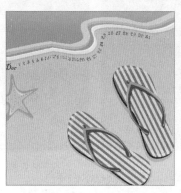
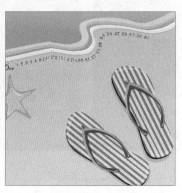

- **高通滤波器**："高通滤波器"命令可以去除图像的阴影区域，并加亮较亮的区域，效果如下左图所示。
- **鲜明化**："鲜明化"命令是通过提高相邻像素之间的对比度来突出图像的边缘，使图像轮廓更加鲜明，效果如下中图所示。
- **非鲜明化遮罩**："非鲜明化遮罩"命令可以使图像中的边缘以及某些模糊的区域变的更加鲜明，效果如下右图所示。

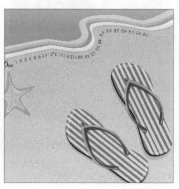
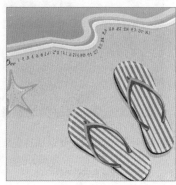

中文版CorelDRAW X7艺术设计精粹案例教程

8.13.12 "底纹"效果

"底纹"效果是通过模拟各种事物表面，如鹅卵石、褶皱、塑料以及浮雕等效果，添加底纹到图像上。首先选中位图，然后执行"位图>底纹"命令，查看子菜单中的命令，如下左图所示。下面右图为位图对象的原始效果。

01
02
03
04
05
06
07
08

位图的编辑与效果

09
10
11
12

- **鹅卵石**：该命令是将鹅卵石的底纹效果添加到图像上，如下左图所示。
- **褶皱**：该命令是将褶皱的底纹效果添加到图像上，如下中图所示。
- **蚀刻**：该命令是将蚀刻效果添加到图像上，使图像产生一种蚀刻的金属效果，如下右图所示。

- **塑料**：该命令是将塑料的底纹效果添加到图像上，如下左图所示。
- **浮雕**：该命令是将浮雕效果添加到图像上，使图像产生一种浮雕的艺术效果，如下中图所示。
- **石头**：该命令是将石头的底纹效果添加到图像上，使图像产生一种石头表面的粗糙效果，如下右图所示。

 知识延伸：调整位图显示区域

在导入位图的时候，如果只需要位图中的某一区域，可以在导入时对位图进行裁剪或重新取样操作。执行"文件>导入"命令,在弹出的"导入"对话框中选择需要的位图文件,然后单击"导入"下三角按钮,选择"裁剪并装入"选项,如下左图所示。在弹出的"裁剪图像"对话框中有一个有裁切框包围的图像缩览图,将鼠标移动到裁切框上,按住左键并进行拖曳。用户也可以在"选择要裁剪的区域"选项区域中调整相应的数值,进行精确的裁剪,单击"确定"按钮结束操作,即可以实现图像的裁剪,如下右图所示。

如果要调整已经导入的位图,首先需要选择该位图,如下左图所示。单击工具箱中的形状工具按钮
,位图四周出现控制点。按住控制点进行移动即可调整位图的外轮廓,将其调整为需要保留的形状,如下中图所示。还可以使用形状工具在对象边缘上双击来添加锚点,并调整锚点形态,如下右图所示。

 上机实训:照片变油画

案例文件

照片变油画.cdr

视频教学

照片变油画.flv

步骤 01 执行"文件>新建"命令，创建一个A4大小的横版文档。执行"文件>导入"命令，在弹出的"导入"对话框中选择画板素材1.jpg，单击"导入"按钮。然后调整其大小和位置。使用同样方法将风景素材2.jpg导入画面中，如下图所示。

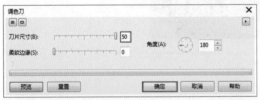

步骤 02 执行"位图>图像调整实验室"命令，在弹出的"图像调整实验室"对话框中将温度数值设置为5.750，亮度数值设置为34，对比度数值设置为21，设置完后单击"确定"按钮，调整后的画面如下图所示。

步骤 03 执行"位图>艺术笔触>调色刀"命令，在弹出"调色刀"对话框中，将"刀片尺寸"设置为50，"柔软边缘"设置为0，"角度"设置为180，设置完成后单击"确定"按钮，效果如下图所示。

步骤 04 下面为图像添加透视效果，选择处理完的图像，执行"位图>三维效果>透视"命令，在弹出的"透视"对话框中调整图像透视角度，调节完成后单击"确定"按钮，最后将调节好的图片放在画板中，如下图所示。

课后练习

1. 选择题

(1)"位图颜色遮罩"命令可以＿＿＿＿＿＿位图指定的颜色。

　　A. 隐藏或显示　　　　　　　　　　　B. 填充或删除

　　C. 锁定和解锁　　　　　　　　　　　D. 编辑和删除

(2)"图像调整实验室"中不能够对＿＿＿＿＿＿参数进行设置。

　　A. 亮度　　　　　　　　　　　　　　B. 对比度

　　C. 饱和度　　　　　　　　　　　　　D. 锐度

(3) 执行＿＿＿＿＿＿命令可以打开Corel PHOTO-PAINT工作界面，进行更加丰富的位图编辑操作。

　　A. 位图>模式　　　　　　　　　　　B. 位图>编辑位图

　　C. 位图>快速描摹　　　　　　　　　D. 位图>位图边框扩充

2. 填空题

(1) 执行＿＿＿＿＿＿命令，可以将矢量图形可以转换为位图。

(2) 导入到文档中的位图有＿＿＿＿＿＿和＿＿＿＿＿＿两种方式。

(3) 选择一个位图对象，执行＿＿＿＿＿＿命令可以在子菜单中为图像更改颜色模式。

3. 上机题

本案例利用矩形工具和钢笔工具绘制背景中的图形，并导入位图素材，利用"位图颜色遮罩"功能去除背景，应用"三维"效果中的"卷页"命令制作有趣的画面效果。

02

PART

综合案例篇

综合案例篇共包含4章内容，对CorelDRAW X7的应用热点逐一进行理论分析和案例精讲，在巩固前面所学的基础知识的同时，使读者将所学知识应用到日常的工作学习中，真正做到学以致用。

Chapter 09 网页设计

本章概述

随着科技的发展，网页设计逐渐成为了设计行业的一个重要分支。现如今，网页设计的要求早已不再满足于最初的"功能性"，逐渐转变为功能与审美并重的产物。所以作为网页设计师，不仅要将网站页面正确地设计出来，更主要的是将网页以完美的形式表现出来。

9.1 行业知识导航

网页设计是网站页面的美化工作。以网页的宣传目的、受众人群等方面为出发点，对网页中的颜色、字体、图片、样式进行视觉上的美化，甚至加入听觉感官的体验，以达到在网络上展示、宣传的作用。这个环节工作质量的优劣直接决定着网站最终的视觉效果。

9.1.1 认识网页设计

就像书籍是由一页一页的纸页构成一样，"网页"其实就是构成网站的基本元素，每个网页都需要承载着各种各样的功能和信息。而网页设计的工作就是需要将这些功能和信息呈现在网页上。网页设计基本的核心元素包括文字和图像。文字是人类最基础的表达方式，也是重要的信息传递手段。但只有文字的页面未免太过枯燥，而图形图像在装饰页面的同时也能够起到信息传达的作用。除此之外，网页的元素还包括动画、音乐、程序等，如下图所示。

网页作为一种特殊的视觉表现形式，在版面结构上与传统的纸媒有很大的区别。通常情况下网页会由多种元素构成，如右图所示。

提示 并不是所有的网页结构都是一成不变的，尤其是近年来移动媒体的网页设计更趋于人性化，为适应触屏用户而精简了无用的模块，所以在结构上常常有所不同。

- **网页页眉**：网页页眉是指页面顶端的部分，常用于放置网站标志、网站的宗旨、宣传口号、广告标语等。
- **网站标志**：网站标志不仅用于展现网站特性、区别于其他网站，主要用途是与其他网站链接。
- **导航**：导航条是一组超级链接，方便用户访问网站内部各个栏目。导航栏一般由多个按钮或者多个文本超级链接组成。
- **网页页脚**：网页的页脚位于页面的底部，通常用来标注站点所属公司的名称、地址、网站版权信息、邮件地址等信息。
- **条幅广告**：一般位于网页的上部，用来宣传站内的活动或栏目，可是静态图像，也可以是GIF动画。
- **图标按钮**：图标是存在于网页各个部分与用户产生交互的按钮。
- **网页背景**：用来装饰和美化网页，使网页中的内容更加饱满。

9.1.2　网页的常用版式

网页的版式在很大程度上左右着网页的整体风格倾向，不同类型的网站往往采用不同的版式。网页的版式有很多种，例如：骨骼型、满版型、分割型、对称型、中轴型、曲线型、倾斜型、焦点型、三角形、自由型等等。企业官方网站常采用"满版型"的首页版式，而很多艺术类网站则采用不拘一格的"自由型"版面。

- **骨骼型**：骨骼型的版式在平面设计中较为常见，是一种规范、严谨、理性的分割方法。常见的骨骼有竖向通栏、双栏、三栏、四栏和横向的通栏、双栏、三栏和四栏等，一般以竖向分栏居多。
- **满版型**：满版型的版式是将图像充满整个页面，主要以图像为诉求点，同时可以在图像上添加少量文件。这样的网页版式视觉冲击力强，通常给人一种舒展、大方的视觉印象。

- **分割型**：把整个页面分成上下或左右两部分，分别安排图片和文案。图案用来装饰网页，文字用来说明内容，二者要相互协调，营造出自然、和谐的视觉效果。
- **对称型**：在各个艺术类领域，对称是最基本的形式美法则。对称的网页版式给人一种稳定、严谨、庄重、理性的视觉感受。

- **中轴型**：沿浏览器窗口的中轴将图片或文字作水平或垂直方向的排列。水平排列的页面给人稳定、平静、含蓄的感觉；垂直排列的页面给人以舒畅的感觉。
- **曲线型**：曲线给人一种温柔、浪漫的视觉感受。曲线型的网页版式是将图片、文字在页面中进行曲线分割或编排构成的版面，能产生一种韵律与节奏的美感。

- **倾斜型**：倾斜型的网页版式布局将图片和文字倾斜编排，给人一种动感的视觉感受。
- **焦点型**：焦点型的网页版式通过对视线的诱导，使页面具有强烈的视觉效果。

- **三角形**：三角形的网页版式也非常常见，如果是正三角形给人一种稳定的感受，如果是倒三角型则给人一种危险、动感的视觉感受。
- **自由型**：自由型的网页版式在设计时不拘一格，通常给人一种充满创造力的感受。

9.2　建筑主题网站首页设计

案例文件

建筑主题网站首页设计.cdr

视频教学

建筑主题网站首页设计.flv

步骤 01 执行"文件>新建"命令，在弹出的"创建新文档"对话框中设置"大小"为A4，然后单击"横向"按钮，设置"原色模式"为RGB，"渲染分辨率"为300，单击"确定"按钮创建新文档。然后制作渐变色背景。单击工具箱中的矩形工具按钮□，在工作区中绘制一个与画布等大的矩形。选中该矩形，然后单击工具箱中的交互式填充工具按钮⬛，继续单击属性栏中的"渐变填充"按钮，设置渐变类型为"椭圆形渐变填充"，将中心节点设置为米色，外部节点设置为偏暗的米色，效果如下图所示。

步骤 02 使用钢笔工具画出一个三角形，执行"文件>导入"命令，在弹出的"导入"对话框中选择素材1.jpg，将其后移一层，放在紫色三角形的下方。执行"对象>图框精确裁剪>置于图文框内部"命令，在箭头处单击鼠标左键，图片就进入背景图中，效果如下图所示。

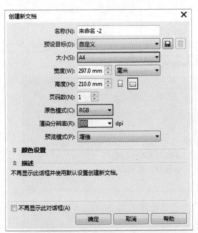

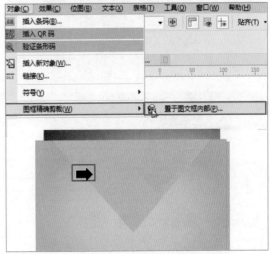

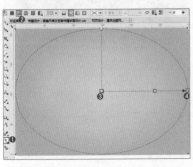

步骤 03 此时图片被置入到三角形内部，使用同样方法把其他图片也依次置入画面中，如下图所示。

步骤 05 单击工具箱中的文本工具按钮 🄵，然后在属性栏中设置合适的字体、字号，接着在图中单击并输入相应文字。使用同样方法键入导航栏以及底部模块中的文字，如下图所示。

步骤 04 单击工具箱中的钢笔工具按钮 🄰，在左侧绘制一个四边形，为其填充棕色。使用同样方法将其他的四边形绘制出来，并摆放在合适位置上，如下图所示。

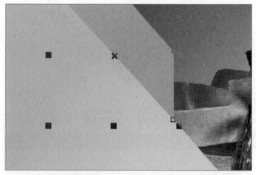

步骤 06 单击工具箱中艺术画笔工具 🄽 按钮，在属性栏中单击"喷涂"按钮，在类别中选择"脚印"选项，然后更改喷射图样和喷涂对象大小，在文字下方按住鼠标左键并拖曳，绘制完的效果如下图所示。

步骤 07 单击工具箱中的文本工具按钮 [图]，然后在属性栏中设置为合适的字体、字号，接着在图中单击并输入相应文字，将其颜色改为白色。使用快捷键Ctrl+C复制该文字，再使用快捷键Ctrl+V粘贴该文字。单击复制的名片，多次使用置于下一层快捷键Ctrl+PageDown置于文字下一层，将其填充成灰色，如下图所示。

步骤 09 使用同样方法制作页面右侧的段落文本，最终效果如右图所示。

提示 为了使左右两侧的文字模块效果统一美观，可以复制左侧的文字模块，向右进行移动，摆放在合适位置上，然后更改文字信息即可。

步骤 08 单击工具箱中的钢笔工具按钮 [图]，在文字前方绘制一个三角形，填充为棕红色。使用同样方法在右侧制作出另一个三角形。单击工具箱中的文本工具按钮 [图]，设置合适的字体、字号。使用文字工具，在画面中按住鼠标左键并拖曳，绘制出一个文本框，输入文字。在属性栏中单击"文本对齐"按钮，然后选择"全部调整"选项，如下图所示。

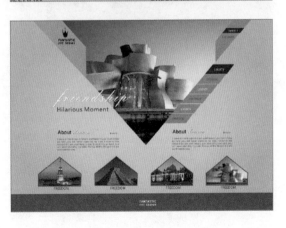

Chapter **10** 书籍装帧设计

本章概述

书籍是知识传播、文化交流的重要载体。随着人类文明的不断进步，人们不仅关心书籍的内容，对书籍的外观也提出了更高的要求。一本完美的书籍，不仅要内容充实，还要有个性的封面和精美的版式，这样才能让读者享受阅读的过程。

10.1 行业知识导航

"书籍设计"是一个比较大的概念，其范围覆盖书籍的稿件策划、编写到最后呈现出实体书等整个流程的方方面面。而书籍的装帧是书籍设计中重要的组成部分，装帧设计不仅承载着书稿"实体化"的任务，更肩负着美化书籍、吸引读者的重任。

10.1.1 书籍的组成部分

书籍的装帧设计不单单是封面设计和内容的版式设计，而是从书籍文稿到成书出版的整个设计过程。在这个流程中，书籍开本的选择、装帧的形式、外观的设计、版面的设计、纸张的选择等都属于书籍装帧。

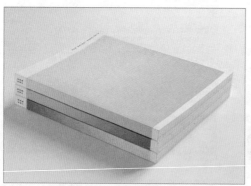

一般来说，书籍包括书脊、堵头、折口、封面、天头、环衬、封底、切口、书脚等，如下左图所示。书籍内页的结构包括页眉、眉线、内白边、外白边、天头、地脚、版心、订口、页码等，如下右图所示。

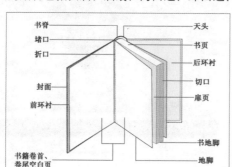
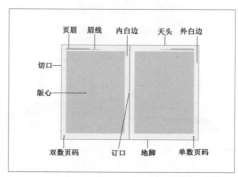

10.1.2　常见的书籍开本

　　在进行书籍设计时，经常会听到"16开本的书籍"、"32开本的书籍"。这里的"开本"是指书刊幅面的规格大小。开本有统一的标准，所以全国各地同一开本的图书，规格都是一样的。"开"的概念是指一张全开的印刷用纸裁切成多少页，也用来表示图书幅面的大小。例如"16开"指的是全开纸被开切成16张纸。下图为常见的16开、32开、64开书籍比例的对比效果。

10.1.3　书籍的装订方式

　　图书的装订是指用不同装帧材料和装订工艺制作的图书所呈现的外观形态。常见的书籍的装订方式有平装、精装、活页装和散装装订。

● **平装**：平装书是最普遍采用的一种装订方式，因为成本比较低廉，适用些篇幅少、印数较大的书籍。平装书常见的装订方式有，骑马订、平订、锁线胶订、无线胶订，如下图所示。

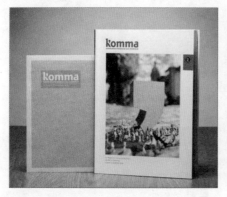

● **精装**：精装封面的构成比平装复杂，主要是书皮，书背中条、硬纸板三个部分组成。在装订作业流程中，要经过折纸、拣页、穿线、书背上胶、三面裁切、敲圆背（圆背精装用）、固背衬饰、套合封面、压勾等步骤才能完成。所以精装书的造价比较高，适用于长期保存，如下图所示。

- **活页装**：活页装适用于需要经常抽出来，进行补充或更换使用的出版物，其装订方法常见的有穿孔结带、活页装和螺旋活页装，如下图所示。

- **散装装订**：散装装订是将零散的印刷品切齐后，用封袋、纸夹或盒子装订起来。主要用于造型艺术作品、摄影图片、教学图片、地图、统计图表等，如下图所示。

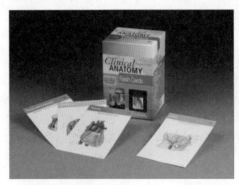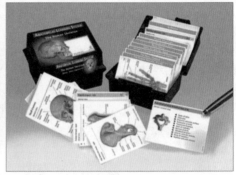

10.2 文艺类书籍封面设计

案例文件

文艺类书籍封面设计.cdr

视频教学

文艺类书籍封面设计.flv

步骤 01 执行"文件>新建"命令，在弹出的"创建新文档"对话框中设置"大小"为A4，然后单击"纵向"按钮，设置"原色模式"为RGB，"渲染分辨率"为300，单击"确定"按钮进行创建操作。为了便于操作，创建出封面、书脊、封底区域的辅助线，如下图所示。

步骤 02 首先制作书籍封面部分。在工具箱中选择椭圆形工具按钮◎，按住Ctrl键的同时按住鼠标左键并拖动，绘制出一个正圆，将其填充为白色。单击工具箱中的阴影工具按钮◎，在圆上单击鼠标左键并进行拖曳，然后去掉轮廓，如下图所示。

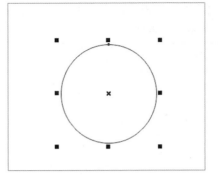

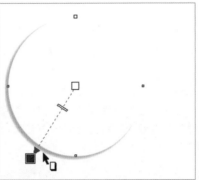

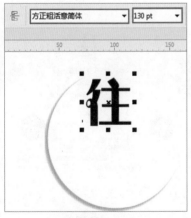

步骤 03 单击工具箱中的文本工具按钮，然后在属性栏中设置为合适的字体、字号，接着在图中单击并输入相应文字。选择文字单击鼠标右键，执行"转换为曲线"命令，然后单击工具箱中的形状工具按钮，拖动文字上的节点，改变文字形状，如下图所示。

步骤 04 接着使用钢笔工具，在文字上绘制镂空区域形状的图形，选中图形和文字，执行"对象>造型>剪裁"命令，新绘制的图形区域就从文字上被去除了，得到了镂空效果。使用同样方法修剪文字的其他部分，然后给文字设置深粉色的填充色。继续使用文字工具键入封面中其他文字，如下图所示。

步骤 05 单击工具箱中2点线工具按钮☑，按住鼠标左键拖曳绘制出一条斜线。在属性栏中的线条样式改为虚线。使用同样方法在底部绘制一条直线，如右图所示。

步骤 06 在工具箱中选择椭圆形工具按钮◎，在空白处按照Ctrl键，按住鼠标左键并拖曳绘制出一个正圆，将其填充为深粉色。使用快捷键Ctrl+C、Ctrl+V将圆复制一个。按住鼠标左键并按住Shift键向内拖动。选中圆形单击鼠标右键，执行"转化为曲线"命令，接着去掉填充色，设置轮廓色为白色，在属性栏中将线条样式改为虚线，如右图所示。

步骤 07 选择工具箱中的文本工具按钮字，设置合适的字体、字号及颜色，然后在绘制面中键入文字。选中键入的文字，再次单击，在旋转状态下将光标定位到一角处，按住鼠标左键并拖曳，将其旋转，如右图所示。

步骤 08 复制封面部分的全部内容，按住鼠标左键并按住Shift键，向左移动，移动到封底部分，如右图所示。

步骤 09 将版面中心的字全选缩小，将文字更改，效果如右图所示。

中文版CorelDRAW X7艺术设计精粹案例教程

步骤 10 下面制作书脊部分，将书名的文字进行复制，并纵向排列在书脊中。选择工具箱中的文字工具按钮🖊，在属性栏中单击"将文本改为垂直方向"按钮，然后输入文字。接着键入其他文字，效果如下图所示。

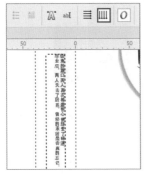

步骤 11 下面导入背景素材，执行"文件>导入"命令，在弹出的"导入"对话框中选择素材1.jpg，然后调整其大小和位置，效果如下图所示。

步骤 12 单击工具箱中的矩形工具按钮，在封底左下角按住鼠标左键并拖动光标，绘制出一个矩形，作为条形码的位置。接着绘制一个贯穿封面书脊和封底的矩形，多次使用置于下一层快捷键Ctrl+PageDown置于文字下一层，如下图所示。

步骤 13 选中底部矩形，单击在工具箱中的透明度工具按钮🖊，在属性栏中将透明度类型设置为"均匀透明度"，透明度数值设置为50。到这里书籍的封面制作完毕，效果如下图所示。

Chapter **11** 包装设计

本章概述

在现代社会中，包装已经不再是包裹住商品的那层"保护壳"，它还要具有美观、实用、吸引顾客、方便运输等特点。所以说包装不仅要具有商品性，还要具有艺术性。在本章中主要来讲解包装设计的相关知识。

11.1 行业知识导航

　　包装的最初目的是保护商品，但现如今包装被赋予了更多意义，包装与商品已融为一体。包装设计是一门综合性学科，具有商品和艺术相结合的双重性。而且包装设计在生产、流通、销售和消费领域中，发挥着极其重要的作用，是企业界、设计行业不得不关注的重要课题。

11.1.1 认识包装设计

　　包装的基本功能是保护商品、传达商品信息、方便使用、方便运输、促进销售、提高产品附加值。包装设计一般包括包装容器造型设计、包装装潢设计、包装结构设计三个方面。以形态分类可分为：工业包装和商业包装两大类，商业包装又称为销售包装。如下图所示为优秀的包装设计作品。

11.1.2 包装的设计原则

　　包装设计将产品的保护与美化融为一体，所以在设计过程中需要遵循一定的原则。

1. 商业性原则

包装是产品促销的重要手段，精美的包装能够瞬间吸引住消费者的视线，从而导致消费者进一步判断和购买。通常包装设计会利用色彩、图案、商标和文字等一切视觉表现手法，创立一种具有强烈视觉冲击力的包装形态。

2. 科技型原则

包装设计与现代人消费观、生活方式息息相关，所以包装要尽量采用先进的科学技术和新材料、新工艺，从而使设计具有先进性和时代感。这样才能设计出符合当代人消费要求与引导市场潮流的新包装。

3. 人性化原则

包装设计要做到以人为本，因为包装是服务于消费者的，人性化的设计才能让消费者产生好感，从而起到促销的目的。

4. 广告性原则

包装是塑造商品与企业形象的重要组成部分，是企业营销中最经济有效的广告宣传与竞争工具。精美的包装设计不仅具有促销、吸引顾客的作用，还可利用包装的广告传播力为企业扩大市场服务。

11.1.3　包装的基本构成部分

产品的包装往往由很多内容构成，但每个包装所包含的基本元素无外乎商标、图形、文字和色彩四部分。在设计过程中只有将这四种视觉要素运用的正确、恰当、美观和合理，才能组成一个优秀的设计作品。

1. 商标设计

产品的商标是受到法律保护的，是独一无二的。在包装上印有商标，消费者可以根据商标去选择自己喜欢的品牌，这样包装才能够获得更长久的市场效应。

2. 图形设计

图形设计主要是指包装具有各色的图案设计。对于包装的图形设计，丰富的内涵和设计意境在简洁的图形中尤为重要，所以图案设计通常在包装上占着举足轻重的地位。

3. 色彩设计

"色彩"是消费者对包装最基本的印象，在包装设计中也不例外。通常包装中的颜色要具有代表性，能让消费者产生联想。例如辣椒酱的包装通常采用红色调，因为可以让消费者联想到火辣、刺激的口感；巧克力的包装通常采用深褐色，因为可以让消费者联想到巧克力丝滑的口感。

4. 文字设计

文字即能传递信息，还可作为图形辅助画面效果。在包装设计中通常包括两个部分：品牌文字、说明文字。"品牌文字"要美观、生动并具有良好识别性；而"说明文字"则要注意简明扼要、整齐划一。

11.2　果味牛奶包装盒设计

案例文件

果味牛奶包装盒设计.cdr

视频教学

果味牛奶包装盒设计.flv

步骤 01 执行"文件>新建"命令，在弹出的"创建新文档"对话框中设置"大小"为A4，然后单击"横向"按钮，设置"原色模式"为RGB，"渲染分辨率"为300，单击"确定"按钮创建新文档，如右图所示。

步骤 02 首先制作包装正面部分平面图中的渐变色背景。单击工具箱中的矩形工具按钮■，在工作区中绘制一个的矩形。选中该矩形，单击工具箱中的交互式填充工具按钮■，然后单击属性栏中的"渐变填充"按钮，接着设置渐变类型为"线性渐变填充"，然后将两个节点分别设置为浅绿色和绿色，去掉轮廓，效果如右图所示。

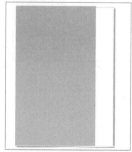

步骤 03 执行"文件>导入"命令，在弹出的"导入"对话框中选择素材2.png，如右图所示。

步骤 04 然后调整其大小和位置，使用置于下一层快捷键Ctrl+PageDown置于画面背景下一层，执行"对象>图框精确剪裁>置于图文框内部"命令，效果如下图所示。

步骤 05 将光标移动到背景色上，当光标变为黑色箭头时，单击鼠标左键图片就被裁剪到背景图中了，用同样方法将"1.png"置入背景图中，效果如图所示。执行"文件>导入"命令，在弹出的"导入"窗口中选择素材"3.png"，效果如下图所示。

步骤 06 单击工具箱中的矩形工具按钮□，按住鼠标左键并拖曳绘制出一个小长方形，将其填充为绿色，如下图所示。

步骤 07 选中该长方形在属性栏中将转角半径改为20mm，效果如下图所示。

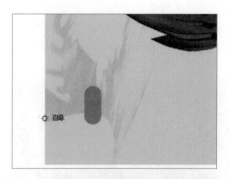

步骤 08 单击工具箱中的椭圆形形工具按钮○，按住鼠标左键并拖曳绘制一个椭圆形。在调色板中白色色块处单击鼠标左键为其填充为白色，去掉轮廓，如右图所示。

步骤 09 下面制作文字部分，单击工具箱中的文本工具按钮字，设置合适的字体、字号及颜色，然后在绘制面中键入文字，使用同样的方法制作出其他文字，效果如右图所示。

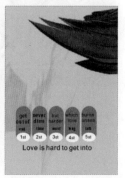

步骤 10 下面制作画面中产品名称部分。单击工具箱中的文本工具按钮，设置合适的字体、字号，如下图所示。

步骤 11 在调色板中黄色色块处单击鼠标左键为其填充黄色，在橘红色色块处单击鼠标右键将轮廓改为橘红色，在属性栏中单击"文本属性"按钮，在弹出的面板中将轮廓宽度设置为1mm，将字符间距设置为0，效果如下图所示。

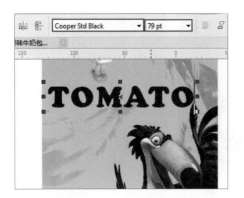

步骤 12 给画面中文字创建轮廓图。单击工具箱中的"轮廓图工具"按钮，在属性栏中设置轮廓图步长为1mm，将轮廓色改为白色，填充色改为黑色。单击文字按住鼠标左键向左拖曳如下图所示。

步骤 13 将文字变形，点击文字，然后单击工具箱中的封套按钮，如下图所示。

步骤 14 调整封套边缘的控制点，将其调整为向上突起的效果，如下图所示。

步骤 15 使用同样方法制出其他文字，效果如下图所示。

提示 除了使用"封套"功能外，还可以使用路径文字制作下方的文字。方法很简单，首先使用"钢笔工具"沿上方文字的弧度绘制出一条路径，接下来使用"文字工具"在路径上单击并输入文字即可。

步骤 16 下面制作画面中的圆形装饰部分。在工具箱中单击椭圆形工具按钮，按住Ctrl键单击并拖曳绘制出一个正圆，在调色板中紫色色块处单击鼠标左键填充颜色，在调色板中的"⊠"按钮处单击鼠标右键去除轮廓，如下图所示。

步骤 18 执行"文件>导入"命令，在弹出的"导入"对话框中选择素材1.png，如下图所示。

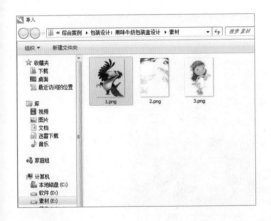

步骤 20 使用同样方法制作出其他圆形装饰，单击工具箱中的文本工具按钮图，设置合适的字体、字号和颜色，效果如下图所示。

步骤 17 使用复制快捷键Ctrl+C将圆复制，使用粘贴快捷键Ctrl+V将其粘贴，按住鼠标左键并按住Shift键向内拖曳，将复制后的圆填充为蓝色，将轮廓变为黄色并将轮廓宽度设置为1mm，如下图所示。

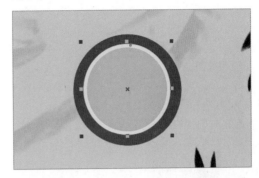

步骤 19 然后调整其大小和位置，使用置于下一层快捷键Ctrl+PageDown置于画面背景下一层，执行"对象>图框精确裁剪>置于图文框内部"命令，然后单击蓝色的圆形，将素材裁剪到蓝色圆形中，效果如下图所示。

步骤 21 下面开始制作包装盒的侧面。单击工具箱中的矩形工具按钮口，绘制出一个矩形，为其填充与正面背景的相同渐变色，如下图所示。

步骤 22 单击工具箱中的文本工具按钮字，设置合适的字体、字号。用文本工具按住鼠标拖曳画出一个文本框，输入文字。在属性栏中单击"文本对齐"按钮，然后在弹出的下拉列表中选择"全部调整"选项，如下图所示。

步骤 23 用Shift键加选两组文字，使用复制快捷键Ctrl+C将文字复制，使用粘贴快捷键Ctrl+V将其粘贴，按住鼠标左键并按住Shift键是文字水平向下拖曳，接着更改文字内容，效果如下图所示。

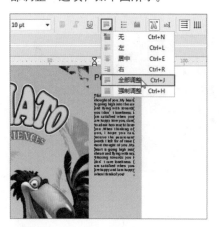

步骤 24 接下来制作平面图中的其他部分。将做好的正面和侧面全选，使用复制快捷键Ctrl+C将这两部分进行复制，使用粘贴快捷键Ctrl+V将其粘贴。按住鼠标左键并按住Shift键将复制的对象水平向右拖曳，效果如下图所示。

步骤 25 单击工具箱中的矩形工具按钮回，画一个长方形放在背景图上边，为其填充为绿色。使用相同方法绘制多个矩形并放在不同位置，如下图所示。

步骤 26 选择画面下方的矩形，单击鼠标右键选择对话框中的转化为曲线，单击工具箱中的形状工具按钮，按住矩形的控制点并按住Shit键向内拖动，如下图所示。

步骤 27 使用同样方法制作出其他矩形的变形效果，如下图所示。

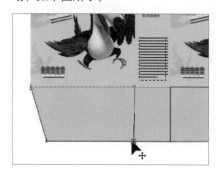

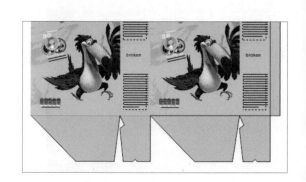

中文版CorelDRAW X7艺术设计精粹案例教程

步骤 28 单击上方的矩形，在属性栏中单击取消"同时编辑所有角"按钮，将顶部两个转角的"转角半径"的数值设置为15mm，如下图所示。

步骤 29 使用同样方法将其他矩形进行修改，然后将所有的矩形去掉轮廓，如下图所示。

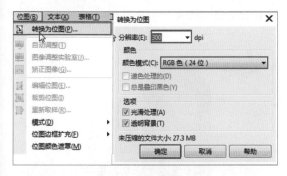

步骤 30 下面制作包装的立体展示效果。将包装正面部分选中，使用快捷键Ctrl+G进行群组，然后执行"位图>转化为位图"命令，设置分辨率为300 dpi，颜色模式为"RGB"，接着单击确定按钮，如下图所示。

步骤 31 选择包装的正面，执行"位图>三维效果>透视"命令，在"透视"对话框中设置透视控制点的位置。按住左上方控制点向下拖曳，调整到合适的角度单击"确定"按钮，如下图所示。

步骤 32 透视效果如下左图所示。使用同样方法，制作侧面的透视效果，如下右图所示。

步骤 33 单击工具箱中的钢笔工具按钮，画出一个与侧面大小一致的四边形，将其填充为绿色，去掉轮廓。如下左图所示。单击在工具箱中的透明度工具按钮，在属性栏工具中将透明度类型设置为"均匀透明度"数值设置为70，如下右图所示。

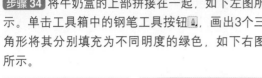

步骤34 将牛奶盒的上部拼接在一起，如下左图所示。单击工具箱中的钢笔工具按钮，画出3个三角形将其分别填充为不同明度的绿色，如下右图所示。

步骤35 选择三角形按住鼠标左键并使用快捷键Ctrl+PageDown，将三角形摆在合适位置，如下图所示。

步骤36 将做完的牛奶盒复制一份，移动到右侧，如下图所示。

步骤37 按住鼠标左键向内推动将其缩小，然后将产品包装上的标志部分复制摆放到画面左上角，最终效果如下图所示。

Chapter **12** 导向设计

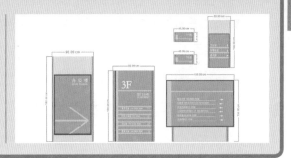

本章概述

在目前世界范围内，导向设计都得到了广泛的应用，大到一个城市，小到一家餐厅都需要导向设计。导向设计可以引导人们的出行，规范人们的活动范围，为人们提供便利。对于设计师而言，导向不是孤立存在，而是整合品牌形象、建筑景观、交通节点、信息功能，甚至媒体界面的系统化设计。

12.1　行业知识导航

广义上来讲，导向设计（Orientierungs sevetem）可以包括一切用来传达空间概念的视觉符号以及表现形式。从狭义上来说，导向设计主要起到两方面作用：从视觉传达角度研究指明方向或区域的图形符号，以及从环境设计的角度来研究定义符号在环境空间中的表现方式。所以，导向设计往往是视觉传达和环境设计两个专业交叉的产物。

12.1.1　认识导向设计

导向设计在生活中并不陌生，它已广泛应用在现代商业场所、公共设施、城市交通、社区等空间中。导向系统来自英文Sign，有信号、标志、说明、指示、痕迹、预示等含义，现在已开拓成为一门完整学科。导向设计不仅向使用者传递指示的信息，让使用者迅速分辨出自己所在的位置和找到自己所想找到的位置，更重要的是要在视觉上给人一种美感。

12.1.2　导向系统的设计原则

一套完整的导向系统不仅要易于识别、精确导向，还应具有区域风格明显、设计风格统一等特点。所以在设计导向时，要抓住以下几点原则。

1. 指引性原则

可以指引人们通过导向系统到达目的地。

2. 准确性原则

能够准确的引导人们到达目的地。

3. 易识性原则

导向系统中的各种指示要醒目、清晰，易于被大众识别。

4. 科学性原则

导向系统应在遵循人机工学、心理学、美学等科学的理论系统基础上进行设计。

5. 一致性原则

导向系统在空间中的设计风格、规格、色彩、材料、造型、信息等方面要保持一致。

12.1.3 导向系统的基本组成部分

常见的导向系统包括三大部分：环境型导向系统、商业型导向系统、必备型导向系统。

● **环境型导向系统**：环境型导向系统是指通过对公共环境进行图形标识的提示，以此为人们提供导向功能。环境型导向系统主要包括公共交通环境、办公环境等，如下图所示。

● **商业型导向系统**：商业型导向系统是商家为了满足消费者而设立的，通过字体、色彩、图案、材质综合表现向消费者展示企业品牌文化、吸引消费者，侧重于商业化的目的，如下图所示。

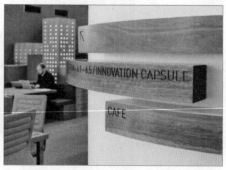

● **必备型导向系统**：必备型导向系统是由工程施工单位提供和安装，是最为基础却重要的导向系统。如紧急出口、消防设备等安全标识、交通导向系统、水电煤气等警示标识。必备型导向系统最大的特点是严谨，而且必备型导向系统的外观、色彩都会遵循严格的技术标准，如下图所示。

12.2　办公楼导向系统设计

案例文件

办公楼导向系统设计.cdr

视频教学

办公楼导向系统设计.flv

步骤01 执行"文件>新建"命令，创建新文档。首先制作室外导向牌，单击工具栏中的矩形工具按钮▣，在工作区中绘制一个宽90cm、高180cm的矩形，并填充为灰色，去掉轮廓。将灰色矩形复制一个，在矩形左侧的控制点上按住鼠标左键同时按住Shift键向左拖曳，缩放对象，将其填充为浅灰色，单击工具箱中的调和工具按钮，在浅灰色矩形处按住鼠标左键拖曳到灰色矩形处，效果如右图所示。

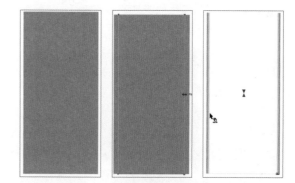

步骤02 为了使导向系统中各个部分尺寸以及摆放位置更加标准，首先使用矩形工具将各个部分的基本形态绘制出来，并使用调和工具进行调和，摆放在合适位置上，如右图所示。

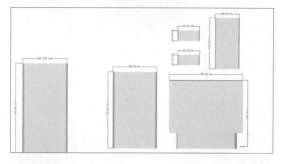

步骤03 下面制作导向的细节部分，单击工具箱中的矩形工具按钮▣，在画面中画一个矩形，为其填充深蓝色。使用同样方法为其他的导向牌绘制深蓝色矩形，如右图所示。

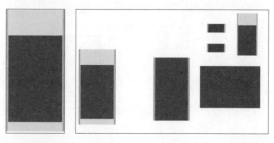

步骤04 将深蓝色矩形复制一个，按住鼠标左键同时按住Shift键向内拖曳，缩放对象。然后给复制的矩形填充为湖蓝色。使用同样方法为其他的导向牌绘制蓝色矩形，如右图所示。

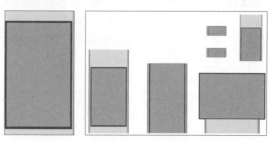

步骤 05 下面制作导向中的文字部分，单击工具箱中的文本工具按钮🖹，单击画面建立起始点，然后在属性栏中设置为合适的字体、字号，接着在图中单击并输入相应文字，将文字改为白色，如下图所示。

步骤 06 使用同样方法制作导向中其他文字部分，如下图所示。

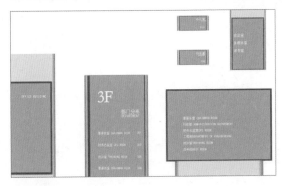

步骤 07 单击工具箱中的钢笔工具按钮🖋️，在画面中画一个箭头的形状，如下图所示。

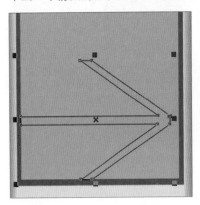

步骤 08 将箭头填充为黄色，然后去掉轮廓，效果如下图所示。

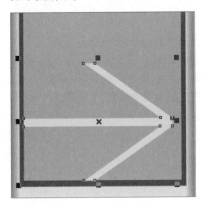

步骤 09 单击工具箱中的矩形工具按钮🔲，为其填充黄色，去掉轮廓。使用同样方法制作其他导向牌中的黄色矩形，如下图所示。

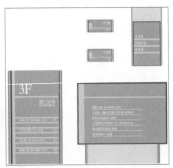

步骤 10 下面制作导向中箭头部分。单击工具箱中2点线按钮✐，在画面中按住鼠标左键拖曳绘制出一个线段，松开鼠标，如下图所示。

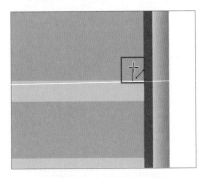

步骤 11 在属性栏中将"轮廓宽度"设置为5mm，将"起始箭头类型"改为无箭头，线条样式设置为直线，将"终止箭头类型"设置为箭头1，将箭头轮廓设置为白色，如右图所示。

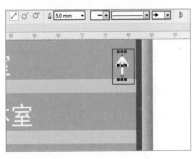

步骤 12 使用同样的方法制作其他导向中的箭头，如右图所示。

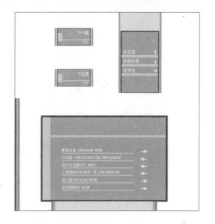

步骤 13 为导向系统的各个部分添加尺寸标注。单击工具箱中平行度测量工具按钮✐，在要测量的室外导向牌底部边缘部分按住鼠标左键拖曳到导向的顶部边缘部分，再次单击鼠标左键，并进行向左拖曳。松开鼠标，选择测量出的文字部分，在属性栏中设置字体大小，如右图所示。

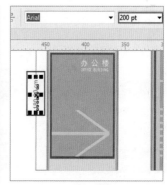

步骤 14 使用同样方法将其他导向的数据也测量出来，如右图所示。

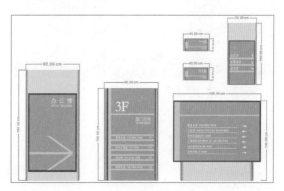

附录 课后习题参考答案

Chapter 01

1. 选择题

（1）B　　（2）B　　（3）D

2. 填空题

（1）文件>打印

（2）缩放

（3）视图>标尺

Chapter 02

1. 选择题

（1）D　　（2）C　　（3）C

2. 填空题

（1）Ctrl+A

（2）度量工具

（3）Ctrl+C、Ctrl+V

Chapter 03

1. 选择题

（1）A　　（2）B　　（3）D

2. 填空题

（1）对象>清除变换

（2）平滑

（3）刻刀

Chapter 04

1. 选择题

（1）A　　（2）B　　（3）D

2. 填空题

（1）智能填充

（2）左

（3）复制属性自

Chapter 05

1. 选择题

（1）A　　（2）ABCD　　（3）D

2. 填空题

（1）路径文本

（2）美术字

（3）曲线

Chapter 06

1. 选择题

（1）A　　（2）B　　（3）C

2. 填空题

（1）形状工具

（2）表格>插入>插入行

（3）Delete、Backspace

Chapter 07

1. 选择题

（1）C　　（2）D　　（3）A

2. 填空题

（1）通道混合器

（2）封套

（3）直接调和、顺时针调、逆时针调和

Chapter 08

1. 选择题

（1）A　　（2）D　　（3）B

2. 填空题

（1）位图>转换为位图

（2）链接、嵌入

（3）位图>模式